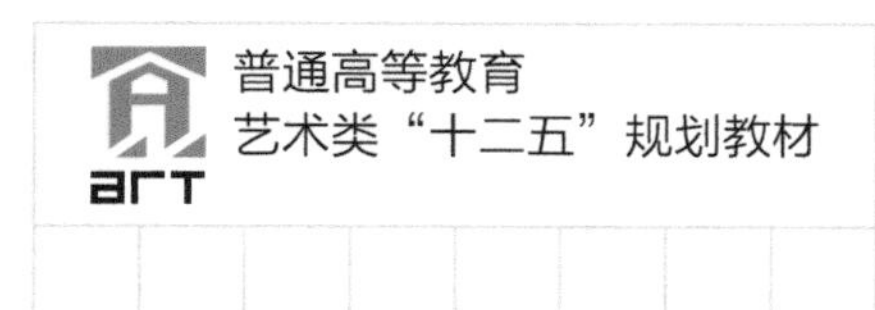

主云龙 ◎ 编著

建筑速写

超过 200 个速写经典案例，掌握建筑手绘设计精髓

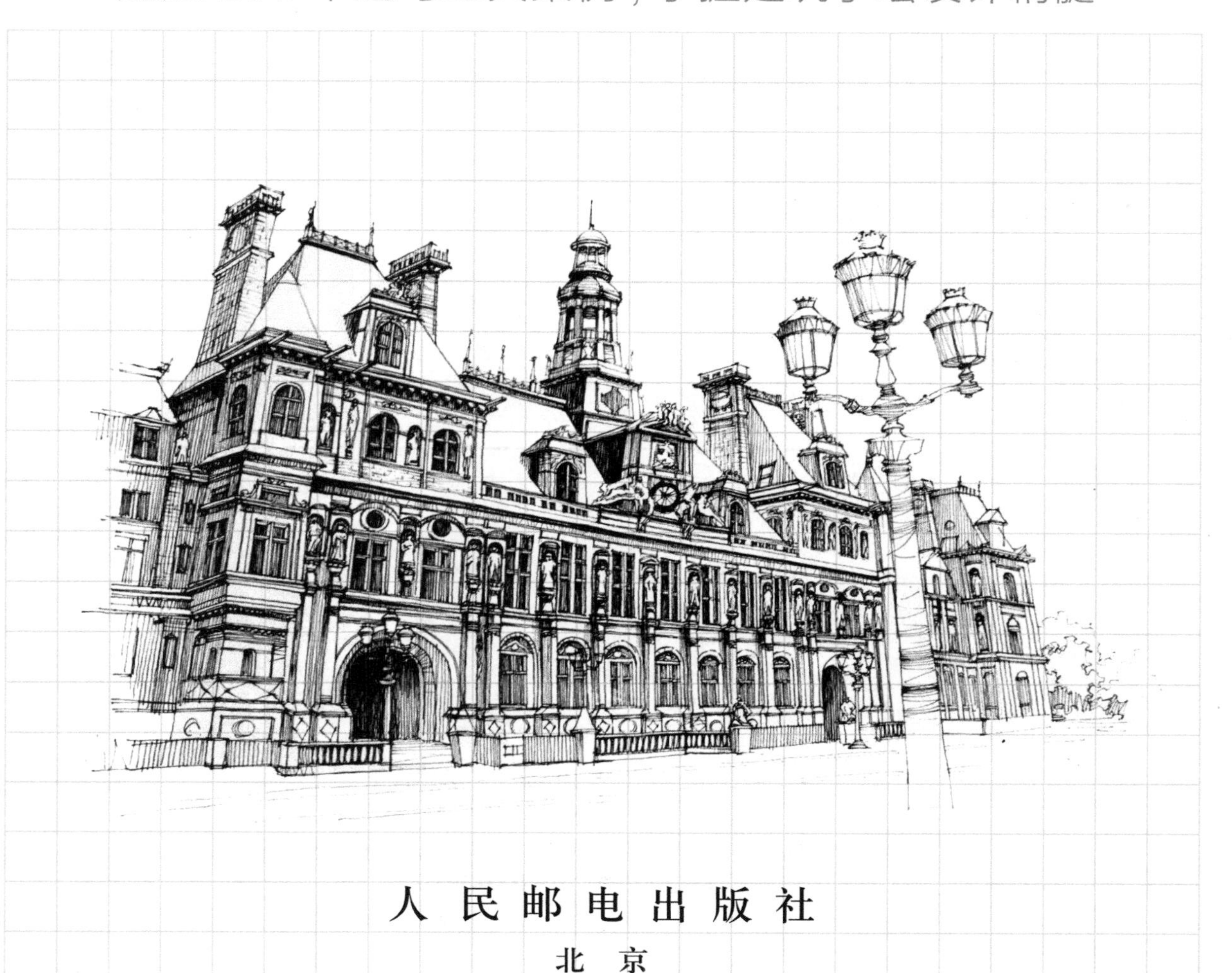

人 民 邮 电 出 版 社
北 京

图书在版编目（CIP）数据

建筑速写 / 主云龙编著. -- 北京 : 人民邮电出版社, 2015.8
普通高等教育艺术类“十二五”规划教材
ISBN 978-7-115-39096-7

Ⅰ. ①建… Ⅱ. ①主… Ⅲ. ①建筑艺术－速写技法－高等学校－教材 Ⅳ. ①TU204

中国版本图书馆CIP数据核字(2015)第144106号

◆ 编　　著　主云龙
　责任编辑　刘　博
　责任印制　沈　蓉　彭志环
◆ 人民邮电出版社出版发行　北京市丰台区成寿寺路 11 号
　邮编　100164　电子邮件　315@ptpress.com.cn
　网址　http://www.ptpress.com.cn
　三河市君旺印务有限公司印刷
◆ 开本：787×1092　1/16
　印张：11.25　　2015 年 8 月第 1 版
　字数：258 千字　　2025 年 1 月河北第 9 次印刷

定价：59.80 元

读者服务热线：(010)81055256　印装质量热线：(010)81055316
反盗版热线：(010)81055315

前 言

近几年在建筑环境设计专业的设计课教学中，经常有这样的现象，在专业设计课的设计创意阶段，要求出草图设计的时候，总有部分学生只能提交电子版的设计方案，而在课堂上无法完成手绘设计方案的表达，手绘设计草图画不成形，结构表达不清楚，线条缺乏设计语汇，使得设计创意阶段的课程无法按照正常的教学时数进行。大多数设计初学者拒绝速写训练、拒绝手绘训练，并且振振有词地引入计算机作为论据。一切都等待计算机解决，一切都用计算机作借口。

大学里这种情况最为严重，很多学生到了高年级才发现自己依然做不出心目中的理想方案，其痛苦可想而知。

确实近几年满天遍野都是计算机作品，表现的效果越来越好，制作的速度也越来越快了，硬件与软件都比以前优化了许多，学生一入学便穿梭在各式各样的计算机软件培训班里。不少学生对计算机绘图软件非常熟悉，而设计课程作业要求用手绘作方案草图时，就显得非常的生疏和没有自信。

经常有学生问这样的问题："手绘重要还是计算机绘图重要？"

是掌握手绘表现技法重要还是学习计算机设计软件重要，我想，这个问题没有必要讨论。这两者都是设计的表现形式，都是我们设计的一种工具。

手绘设计与计算机设计的目的是相同的，同为进行某种视觉方式的传达，只是两者所采用的手段不同；从思维的角度来看，两者同为设计师展示的创造性思维，没有高低优劣之分。计算机绘图的特点是设计精确、效率高、便于更改，还可以大量复制，操作非常便捷。但随之而来的缺憾是在进行某些方面的设计时，难免比较呆板、冰冷、缺少生气，不利于进行更好的交流。而手绘设计，通常是作者设计思想初衷的体现，能及时捕捉作者内心瞬间的思想火花，并且能和作者的创意同步。在设计师创作的探索和实践过程中，手绘可以生动、形象地记录下作者的创作激情，并把激情注入作品之中。 因此，手绘的特点是：能比较直接地传达作者的设计理念，作品生动、亲切，有一种回归自然的情感因素。手绘设计的作品有很多偶然性，这也正是手绘的魅力所在。

作为环境设计专业的表现技法课程，建筑速写是本专业必修的一门专业基础课。在学院教育和设计实践过程中，必须强化手绘设计的学习和应用，对初学者进行正确的设计观念的教育，使他们认识到手绘设计的生命力还很旺盛，使手绘设计和计算机设计二者形成互动、互补的正确关系，使设计艺术手段更加丰富与完善。

本书重点介绍表现性速写、概念性表现图及图解思考，力求将创造性设计思维与表现性技巧合二为一，以循序渐进的训练方法为原则，突出应用性操作技能，简洁实用。本书适用于大专院校的建筑、环境设计等专业课堂教学，也可供从事建筑环境设计的设计师们借鉴参考。

编者

2015 年 4 月于天津

目录
CONTENTS

第 1 章　建筑速写概述

>>>

第 1 章　建筑速写概述

1.1　建筑速写的基本概念

建筑速写是整个建筑设计过程中不可缺少的重要表现形式，包括构思草图和建筑效果图。而建筑设计表现图，是指设计师通过媒介、材料、技巧和手段，以一种生动而直观的方式说明设计方案构思，传达设计信息的重要形式。一个好的设计方案构思必须要有极具说服力的设计表达，将设计方案中最有价值的部分真实而客观地呈现出来，以便对设计方案进行研讨和决策。因此，建筑速写表现是整个设计过程中的一个重要环节，也是设计人员应该具备的一项基本专业技能。

在计算机技术飞速发展、普及并快速渗透到各个学科研究领城的今天，计算机所提供的各项硬、软件技术，给设计人员的制图操作带来了方便和快捷，使其能够便利地对方案设计进行保存和修改，不仅大大缩短了设计制作的时间，节省了人力和物力，而且许多通过计算机制作表达的设计效果是传统手绘技法所无法达到的。这无疑是设计表现技术的革命，并已成为目前设计表现中所采用的最主要的表达方式。我们能从铺天盖地的各类大奖赛中，特别能从各设计公司进行设计的投标方案中看到，计算机制作的设计表现图简直就是目前“设计表现”的代名词。

而以手工绘画为代表的传统设计表现技法在这一主流趋势下受到了极大的挑战。为培养适应市场需要的人才，设计类专业相继开设了许多教授计算机绘图软件的课程。也有很多学生，在入学之初，便自己开始钻研各种有关的计算机绘图软件。甚至有些学生还有这样的认识，即手绘设计表现技法已经过时，已经没有掌握的必要了。

鉴于这点，我认为，建筑速写表现技法课是服务于专业设计课的一门基础课。手绘表现是一种技法，计算机表现同样也是一种技法，而任何一种技法都有它的优势和局限，不应该孤立地来看待它们，而应该将这些技法的长处充分认识并发挥出来，使它们能很好地为专业设计服务。

1.1.1　建筑速写的含义

建筑速写是根据建筑造型设计的特点及需要用手工绘画形成的一种快速、简捷、准确的表现造型形象的基本技法。它是记录建筑造型形象，表现建筑造型设计构思及环境的重要手段，也是设计师必须掌握的基本技能。只有良好运用建筑速写的设计人员才能更好地从事设计工作。

（1）建筑速写是设计初期阶段提出方案构思并进行方案研讨的重要手段。在计算机绘图时代，计算机所具有的强大的制作功能可以代替传统手绘表现技法的许多工作，但是，计算机毕竟不能代替人的一切，因为，人的大脑要先提供创意构思，然后计算机才可能去完成设计效果的制作。所以，计算机表现适合于设计后期阶段，在方案确定以后的设计制作。那么，作为提出方案构思的设计初期阶段，需要设计师以一种快速的方式将大脑中的大量设计构思，转换成可视的形象呈现在纸面上，以便对方案进行交流和讨论。在这一点上，手绘表现无疑比计算机表现更生动、直观，也更快捷。因为这一阶段的设计表现不必追求画面每一个细节的面面俱到，但求建筑结构、比例关系的整体和谐和相对正确的把握。因此，以快速手绘的方式将设计意念迅速、准确地表达出来，在设计的初期阶段非常重要。

（2）建筑速写是帮助学生认识并掌握画面处理的规律，制作出色的计算机表现图的基础。对计算机制图软件的熟练掌握不等于就能够制作出好的计算机表现图。常见到不少这样的计算机表现图，画面没有主次、没有轻重，松散无力，不是因对比过强而显得混乱就是因对比不够而显得含糊不清。任何画面的处理都有其美感的规律性，忽视了这点，即便是先进的计算机技术也不能很好地服务于对设计方案的完美表达。一个不懂得画面处理的计算机绘图员所作的计算机表现图不仅缺乏画面的美感，同时也不能很好地表达设计创意的价值。然而，手绘训练是从画面的构图，到画面的黑白灰处理，再到画面的色调处理着手的，不管是画面的空间关系，虚实、主次、轻重关系，还是色彩的对比和协调关系等都能使学习者在练习的过程中得以认识和建立。所以，对手绘技法的熟练掌握是使设计者懂得如何处理画面的基本条件，也是制作出色的计算机表现图应具备的前提条件之一。

（3）建筑速写是训练学生手脑并用，培养设计思维和启发创意灵感的重要方式。设计是一种创造性的活动，我们的建筑设计专业应该培养的是既有一定的专业技能，又具备创造性思维能力的全面人才。设计的基本出发点是人的大脑的创造性思维，在这点上计算机不可能代替人脑（因为计算机只服从人的命令）。手绘技法训练的好处还在于手和脑的协调配合，即存在于大脑中的创意思维虽然有逻辑思维的因素在里面，但更主要的是一种形象思维，而这种形象思维的结果需要得到视觉形式的表述和肯定，因此，脑子里面所想的要能够正确地表达出来，这才是一个完整的形象思维的过程。只会用口说而不会用手画的设计师是难以成立的。一个有创意的设计，其灵感的火花是在“想”和“画”的反复肯定和否定中碰撞出来的，如果不会用手画，脑子里面存在的抽象形象就难以变为实体的形式以供方案的交流，更不必说思考它的合理性了。

（4）建筑速写是表达设计师个性风格的一种重要表现形式。设计是一种文化行为，建筑设计是通过对建筑的营造而去表现人们的精神追求。设计尽管不是纯艺术，我们也不能一味孤立地来强调所谓设计中的“个性”（因为这是一个复杂的问题），但不妨可以通过手绘表现技法的训练来培养学生的这种意识—我的手绘方案草图是我的个人风格的表现，是表达我个人美学修养及美学追求的一种方式，因为手绘的方式最能呈现出人文的色彩。许多杰出的建筑设计大师都有很深厚的绘画功底，如勒·柯布希耶、路易斯·康、矶崎新等，他们很多优秀的设计方案都是在灵感闪动间序廖几笔形成徒手草图，并在此基础上深化发展而来的，同时，这些手绘的方案草图也成为他们个性化的设计风格及其审美价值的一个重要体现形式。

1.1.2　建筑速写的教学目的

（1）快速记录形象以及收集资料：用概括的方式记录描绘他人的优秀建筑速写设计，积累大量的设计素材。

（2）建筑速写是表达设计构思的语言：设计速写是一种表达“形”的专门语言，一种简洁、概括性极强的设计语言，很大程度上是一种程式化的设计语言。

（3）通过建筑速写提高设计师的设计修养：好的手绘表现作品是作者自身素质的综合表现，尤其是审美情趣的表现……

1.1.3 建筑速写的造型与表现特征

1. 建筑速写的基本技法

（1）徒手画线是最基本的表达技法。线条的变化非常丰富，通过轻重、快慢、浓淡、粗细等变化构成多姿多彩的线条世界。线条的变化取决于运笔。运笔快捷、自信而肯定的线条的构成建筑速写的基本要素。

（2）不同的工具有着不同的特点和技法。铅笔、炭笔的线变化多样、画面简洁、容易修改；钢笔的线具有简洁、明快、黑白对比强烈和线条变化自由生动等特点。钢笔是设计师用来快速表现设计创意的常用工具。针管笔的线可根据粗细要求自行调换各种型号的笔头。用针管笔画的线条粗细一致，具有特殊的韵味。

（3）要把线画得准确到位，首先练习画直线。执笔方法与画素描的方法一样，线不要画得太短，要以较快的速度完成！看看你画的线吧！不行就多练，练到画直为止！一般不需要很长时间就可以练好，同时还可以画几何较复杂的物体练练（等于在练透视和感觉）。

（4）画曲线，是一大难点，但认真练习后绝对没问题。先练习画圆，用4点定位法和8点定位法来画，圆是由圆弧（曲线）组成的，画好圆后画半弧也就相当于画曲线嘛，圆都画得好那么曲线自然画的好了。画多了感觉就有了，那么画任意曲线也就不成问题了。

（5）线条的疏密排列，能展现独特的感人意境。这种排列不是简单的随意组合，而是根据建筑的结构进行的。利用明暗调子与线条结合的速写，使画面更具有层次感和节奏感，也有利于表达光影关系。

①色调、质感、光影，这三者是附着于形体之上的，我们在形准的基础上要充分地表达产品的光影关系、色彩关系、空间关系等等，有时甚至要表现一定的质感。

②构图。构图在整个速写中的作用不可忽视，只有好的构图才能使人们以好的角度来欣赏设计师的作品。

2. 建筑速写的基本原则

（1）结构要准确无误。这也是初学者首先要训练的“形准”，是一切绘画的基本点，只有把握建筑的基本形体结构特征，才能进一步进行深入的刻画。

（2）表现立体空间感。也就是在形把握准确的基础上要把透视画准，以及体现立体感的结构。在二维的画面上运用透视、笔触、线条、明暗、色彩、等技法充分表达出建筑的空间感。

1.2 建筑速写的工具与材料

手绘表现的种类很多，从基础练习到成品表现的学习过程中，我们不但能接触到很多工具和辅助材料，而且不同的表现形式、手法对画具及材料也会有不同的要求。

下面我们就先来了解一下手绘表现常用的一些画具和材料。

1.2.1 建筑速写的工具

1. 笔

（1）绘图铅笔是最常用的绘画工具，在手绘学习中，它也占据了一个重要角色。我们在练习和表现中常用的是 2B 型号的普通铅笔。铅笔杆上 B、H 标记是用来表示铅笔心的粗细、软硬和颜色深浅的，各种铅笔 B、H 的数值不同，B 越多笔心越粗、越软、颜色越深，H 越多笔心越细、越硬、颜色越浅。普通铅笔一般分为从 6H——6B 十三种型号：HB 型为中性；H——6H 型号为“硬性”铅笔；B——6B 型号称为“软性”铅笔。

图 1.1

图 1.2

（2）彩色铅笔在手绘表现中起了很重要的作用。无论是对概念方案、草图绘制还是成品效果图，它都不失为一种既操作简便又效果突出的优秀画具。我们可以选购从十八色至四十八色之间的任意类型和品牌的彩色铅笔，其中也包括“水溶性”的彩色铅笔。

图 1.3

（3）马克笔是英文 mark 的译名，故也称其为麦克笔或记号笔，是各类专业手绘表现中最常用的画具之一，其种类主要分为油性和水性两种。在练习阶段我们一般选择价格相对便宜的水性马克笔（如图 1.4 所示）。这类水性马克笔大约有六十种颜色，还可以单支选购。购买时，

图 1.4

根据个人情况最好储备二十种以上，并以灰色调为首选，不要选择过多艳丽的颜色。

（4）绘画笔。这里所说的绘图笔是一个统称，主要指针管笔、勾线笔、签字笔等黑色碳素类的“墨笔”。这类笔的差别在于笔头的粗细，常见型号为 0.1——1.0。我们在实际练习和表现中通常选择——0.1、0.3、0.5 型号的一次性（油性）勾线绘图笔。

（5）毛笔。在黑白渲染、水彩表现以及透明水色表现中我们还要用到毛笔类的画具，常用的有“大白云”、“中白云”、“小白云”、“叶筋”、“小红毛”和板刷。水粉笔和油画笔等不适用于手绘表现。

除上述几种常用手绘画具外，有时由于实际情况需要，还有可能用到其他种类的笔。如：炭笔、炭条与炭精棒、色粉、水彩笔等。这些笔只是偶尔被用在一些特殊手绘表现上，本书不作为主要技法进行讲授，学习者可以根据个人兴趣爱好选购这些特殊的画具进行尝试性表现。

2. 色

（1）水粉（Poster color）又称广告色，是不透明水彩颜料，可用于较厚的着色，大面积上色时也不会出现不均匀的现象。虽然同属于不透明水彩颜料，但水粉一般要比丙稀便宜；但在着色、颜色的数量以及保存等方面比丙稀稍逊一筹。应根据不同用途选择性的使用。

图 1.5

（2）水彩颜料。水彩是手绘表现中最有代表性也是最常见的一种着色技法。我们在学习时应该购置一盒（至少）十八色的水彩颜料。

图 1.6

（3）透明水色。透明水色是一种特殊的浓缩颜料，也常被应用于手绘表现中。目前美术用品商店都可以买到这种颜料，有大、小两种形式的品牌包装，色彩数量为十二色。

图 1.7

3. 建筑速写的纸张

一般在非正规的手绘表现中我们最常用的纸是 A4 和 A3 大小的普通复印纸。这种纸的质地适合铅笔和绘图笔等大多数画具，价格又比较便宜，最适合在练习阶段使用。

（1）拷贝纸是一种非常薄的半透明纸张，一般为设计师用来绘制和修改方案所用，所以又称为 “ 草图纸 ” 。拷贝纸对各种笔的反应都很明确，绘制草稿清晰并有利于反复修改和调整，还可以反复折叠，对设计创作过程也具有参考、比较和记录、保存的重要意义。

（2）硫酸纸是传统的专用绘图纸，用于画稿与方案的修改和调整。与拷贝纸相比，硫酸纸比较正规，因为它比较厚而且平整，不易损坏。但是由于表面质地过于光滑，对铅笔笔触不太敏感，所以最好使用绘图笔。在手绘学习过程中，硫酸纸是作“拓图”练习最理想的纸张。

（3）绘图纸是一种质地较厚的绘图专用纸，表面比较光滑平整，也是设计工作中常用的纸张类型。在手绘表现中我们可以用它来替代素描纸，进行黑白画、彩色铅笔以及马克笔等形式的表现。

（4）水彩纸是水彩绘画的专用纸。在手绘表现中由于它的厚度和粗糙的质地具备了良好的吸水性能，所以它不仅适合水彩表现，也同样适合黑白渲染、透明水色表现以及马克笔表现。在选购时应特别注意不要与“水粉纸”相混淆。

（5）彩色喷墨打印纸正反两面颜色不同，它的基本特性是吸墨速度快、墨滴不扩散，保存性好；画面有一定耐水性、耐光性，在室内或室外有一定的保存性及牢度；不易划伤、无静电，有一定滑度、耐弯曲、耐折抻。彩色喷墨打印纸的表面质地非常光滑，能够体现比较鲜亮的着色效果，所以比较适合透明水色的表现。

不同品牌的纸各有优劣，在选购时要根据个人习惯进行选择。

4. 其他工具

（1）尺规。虽然手绘应以徒手形式为根本，但在训练和表现中也时常需要一些尺规的辅助，以使画面中的透视及形体更加准确，在实际表现中尺规辅助有时也可以在一定程度上提高工作效率。常用的工具有直尺（60CM）、丁字尺（60CM）、三角板、曲线板（或蛇尺）、圆规（或圆模板）等；当然，不要忘记设计师最重要的贴身工具——比例尺。

（2）刀。美工刀主要用来削铅笔及裁图纸。

（3）修正液。

（4）橡皮。橡皮要求软硬适中，一般应选择专用的绘图橡皮，以保证能将需擦去的线条擦净，并不伤及图纸表面和留下擦痕。

① 使用时，应先将橡皮清洁干净，以免使用不洁橡皮擦图使图纸越擦越脏。

② 用橡皮时，应选一顺手方向均匀用力推动橡皮，不宜反复推擦。

（5）调色盘。最佳选择是瓷制纯白色的无纹样色盘，并按大、小号各准备几个。

（6）盛水工具。小盆或小塑料桶等均可作为涮笔工具。

（7）画板。常用的是四开（A2）普通木制画板。

（8）水溶胶带或乳胶。裱纸必备的封边用具。

（9）吹风机。为节省时间我们在着色时经常会用到它。

（10）小块洁净毛巾。擦笔用，也可以用其他棉制的布品代替，涮笔后在布上抹一抹，以吸除笔头多余水分。

1.2.2 几种材料及画法特点

1. 水彩颜料

水彩颜料是传统的画设计图的材料，一直用至今日。水彩颜料多数较透明。要把设计图简单而迅速地完成，只需以线条为主体，再涂上水彩颜色即可，如铅笔淡彩、钢笔淡彩。水彩可加强产品的透明度，特别是用在玻璃、金属、反光面等透明物体的质感上，透明和反光的物体表面很适合用水彩表现。着色的时候要由浅入深，尽可能避免叠笔，要一气呵成。在涂褐色或墨绿色时，应尽量小心，不要弄污画面。

图 1.8

图 1.9　作者：程晟

（2）广告颜料

广告颜料具有相当的浓度，遮盖力强，适合较厚的着力方法。笔道可以重叠，在强调大面积设计，或想要强调原色的强度，或转折面较多情况下，用广告色来画最合适。广告色不要调得过浓或过稀，过浓时则带有粘性，难以把笔拖开，颜色层也显得过于干枯甚至开裂，过稀会有损于画面的美感。

（3）马克笔

马克笔是一种用途广泛的工具，它的优越性在于使用方便，速干，可提高作画速度，它今天成为设计室外、室内装饰，服装设计、建筑设计、舞台美术设计等各个领域必备的工具之一。马克笔的品种很多，在此仅介绍二种常用的。

① 水性马克笔

没有浸透性，遇水即溶，绘画效果与水彩相同，笔水形状有四方粗头、尖头、方头，粗头和方头适用于画大面积与粗线条，尖头适用画细线和细部刻画。

② 油性马克笔

具有浸透性、挥发较快，通常以甲苯为溶剂，使用范围，能在任何表面上使用，如玻璃、塑胶表面等都可附着，具有广告颜色及印刷色效果。由于它不溶于水，所以也可以与水性马克笔混合使用，而不破坏水性马克笔的痕迹。

马克笔的优点是快干，书写流利，可重叠涂画，更易加盖于各种颜色之上，使之拥有光泽；再就是根据马克笔的性质，油性和水性的浸透情况不同，因此，在作画时，必须仔细了解纸与笔的性质，相互呼应，多加练习，才能得心应手，有显著的效果。

1.3 建筑速写的表现形式

虽然本书重点介绍建筑速写及表现技法，但是不懂得设计、不懂得设计方法以及设计表达，线条画得再好，颜色用得再熟也是枉然。

手绘对于设计师来说，可以分两种：一种是设计师表达自己设计概念的手绘，这种手绘不存在画得好不好，只存在能不能表达清楚，让别人看得懂；这种手绘能力是每个合格设计师都应该具备的。另一种是成图的手绘，比如说手绘的平面图、透视图，这些就好像是计算机的效果图，没必要每个人都会画的。这点上手绘远没有计算机效果图来得及时。

手绘从灵感出发，设计师在练习初期可以适当临摹，却一定要坚持从表达设计灵感开始练习。为此，设计师必须把提高自身的专业理论知识和文化艺术修养，以培养创造思维能力和深刻的理解能力作为重要的培训目的贯穿学习的始终。经常练习，所谓养兵千日，用兵一时，相信长期坚持不懈的练习定能让你笔下的设计酣畅淋漓，将设计意图彻底展露在大家面前。

建筑是严谨的，设计师在练习中要科学把握建筑的位置、大小、比例、透视、色彩搭配、场景气氛等，因而，必须掌握透视规律，并应用其法则处理好各种形象，使画面的形体结构准确、真实、严谨、稳定。

除了对透视法则的熟知与运用之外，设计师还必须学会用结构分析的方法来对待每个形体的内在构成关系和各个形体之间的空间联系。学习对形体结构分析的方法要依赖结构素描的训练，构图布局。构图是任何绘画形式都不可缺少的最初表现阶段，建筑设计表现图当然也不例外。所谓的构图就是把众多的造型要素在画面上有机地结合起来，并按照设计所需要的主题，合理地安排在画面中适当的位置上，形成既对立又统一的画面，以达到视觉心理上的平衡。

现代建筑具有自身的“视觉语言”。建筑形态的美感，首先是运用形态要素：

“点”“线”“面”“体”“空间”“肌理”等，再运用构成要素“形式”“节奏”“韵律”“对比”“调和”“变化”“统一”等形式美感，来展示建筑形态美。由于建筑的材质、光泽、色彩、肌理都影响了该建筑的美感，建筑的审美价值必须建立在功能与美观统一的前提下，设计师需要以现代建筑为基础，去探索美的形态。现代建筑在生活中能给予人们的美感有自身的规律，它给

图 1.10　作者：主云龙

人类以精神影响，它接触每一个人，又这样旷日持久地无时无刻不在影响着人们的感受，这一点是其他任何艺术形式所不能比拟的。建筑内外质量的一致，不但是反映出一个国家的建造水平，同时也是文化艺术水平的体现。要想使建筑预想更好地得到实现，设计师必须掌握材料工艺学，为了使建筑造型符合和赶超现代设计新潮，设计师更须掌握平面构成、色彩构成、立体构成、

图 1.11 作者：主云龙

透视学等基础。不仅如此，建筑设计还要解决的是建筑功能的问题，使建筑易于被人们亲近和接受，因此，设计师必须掌握人体工程学这一设计原理。随着科学技术的发展，设计师被要求具有技术与艺术的高度统一。

图 1.12　作者：主云龙

1.3.1 以线条为主要表现手段的画法

由于线条是线描速写最主要的表现手段，所以以线条为主的线描速写风格各异，样式纷杂。由于工具不同，线条也各具特色：铅笔、炭笔的线可有虚实、深浅变化；毛笔可有粗细、浓淡变化；而钢笔最单纯，一般没有虚实、粗细、深浅、浓淡变化；由于画家追求不同，有的线刚健，有的线柔弱，有的线拙笨，有的线流畅；有的画家的线条注重素描关系，以粗的、实的、重的、硬的线表现物象的前面及突出的地方，以细的、虚的、轻的、软的线起后退、减弱的作用；有的画家则只是用粗细较重均同的线，不考虑细微的空间关系，用线的透视位置来决定形体的前后。

以线条为主的线描速写有时也并不完全排斥点和面，有些画家常喜用一些点来活跃画面，用一些面（色调）来辅助形体。

钢笔画绘画工具简单，容易携带，绘制方便，笔调清劲、轮廓分明，具有刚劲雄伟的气质，可以随时练习、写生、记录，甚至在工地上也可以勾画设计，有其他画种无法与之媲美的表达特点，这也是钢笔画被建筑业广泛采用的原因之一。同时，钢笔徒手画和速写能力是衡量一个设计人员水平高低的重要标准之一。建筑速写对训练设计师的观察能力，提高审美修养，保持创作激情和迅速、准确地表达构思是十分有益的。钢笔徒手画和速写能力是一名成功的设计师必须掌握的基本功之一。随着科学技术的发展，计算机延伸了人的脑和手的功能，但我们相信，在今后十几年甚至几十年中，CAD 不可能完全代替手工设计，尤其不能代替学习过程中通过徒手作业训练的思维。

了解钢笔画的特殊性质，充分认识它与其他画种的不同处理手法，以及研究它随之而来的在造型基本功方面的特殊要求，是掌握钢笔画造型方法的重点。为此，设计师需要作大量的练习，使眼、手、工具在脑的指挥下，每一笔都充满着感情的流露，手中的笔成为身心的一部分，笔尖成为手指的一部分，灵敏而精确。只要坚持不懈，持之以恒，每个人都能成为钢笔画的高手。

问题提示：

以线条为主的表现性速写要讲究：

1. 用线要连贯、整；忌断、忌碎。
2. 用线要中肯、朴实；忌浮、忌滑。
3. 用线要活泼、松灵；忌死、忌板。
4. 用线要有力度、结实；忌轻飘、柔弱。
5. 用线要有变化，刚柔相济、虚实相间。
6. 用线要有节奏，抑扬顿挫、起伏跌宕。

当然，设计师在画速写时不可能将这诸多原则都顾及到，往往容易顾此失彼，一追求结实就容易呆板，追求活泼又容易飘浮，这都是正常的，需多年的练习，方可达到技艺精湛的地步。

作业安排：

1. 课时：12 学时。

2. 训练内容：

用线条表现建筑的造型形态、空间结构、基本特征。

采用临摹成功作品和图片归纳的方法进行练习。

3. 作业要求：

A4 图纸 20 张注重线条的表现力练习。

1.3.2　以线条结合调子为主要表现手段的画法

有一种速写，在线的基础上施以简单的明暗块面，以便使形体表现得更为充分，是线条和明暗调子结合的速写，简称线面结合的速写。它是既综合两种方法的优点，又补二者不足的一种手法，故也是一般速写常用的方法。这种画法的优点是比单用线条或明暗画更为自由、随意、有变化，适应范围广。线比块面造型具有更大的自由和灵活性，它抓形迅速、明确，而明暗块面又给以补充，赋予画面力量和生气，所以色调和线条的相互配合，此起彼伏地像弦乐二重奏那样默契、和谐，融为一体。例如，遇到对象有大块明暗色调时，用明暗方法处理，结构、形体的明显之处，则又用线条刻划，有线有面，这种方法画人画景都很适宜。又如，当画一个人时，头部至全；身所有的衣纹、轮廓都用各种不同的线条画出，面部明暗交界处及人体各关节部位，又可以用明暗法加以皴擦。

问题提示：

画时要注意以下几点。

1. 用线面结合的方法，要应用得自然，防止线面分家，如先画轮廓，最后不加分析地硬加些明暗，很为生硬。

2. 可适当减弱物体由光而引起的明暗变化，适当强调物体本身的组织结构关系，有重点。

3. 用线条画轮廓，用块面表现结构，注意概括块面明暗，抓住要点施加明暗，切忌不加分析选择地照抄明暗。

4. 注意物象本身的色调对比，有轻有重，有虚有实，切忌平均，画哪哪实，没重点。

5. 明暗块面和线条的分布，既变化、又统一，具有装饰审美趣味，抽象绘画非常讲究这点，我们的速写也可以从中汲取营养。

作业安排：

1. 课时：12 学时。

2. 训练内容：

用线面结合的方法归纳出建筑的块面结构和强烈对比的视觉效果。

采用临摹成功作品、图片归纳和实物写生的方法进行练习。

3. 作业要求：

A4 图纸 10 张块面速写的表现练习。

1.3.3 以调子为主要表现手段的画法

运用明暗调子作为表现手段的速写，适宜于立体地表现光线照射下物象的形体结构，其长处在于有强烈的明暗对比效果，可以表现非常微妙的空间关系，有较丰富的色调层次变化，有生动的直觉效果，它适于学生掌握学习。

做为速写来要求，它要描绘的明暗色调当然要比素描简洁得多，所以明暗的五个调子中，基本只需要其中的明面，暗面和灰面三个主要因素就够了。设计师在实际运用中要注意明暗交界线，并适当减弱中间层次。在以明暗为主的速写中，因为常常省去背景，有些地方仍离不开线的辅助，有些明面的轮廓大都是用线来提示的。

以明暗为主的素描速写，除了抓住物象的光影明暗这一因素外，还要注意到物象固有色这一因素。初学者在速写中，应该灵活地运用明暗调子关系和物象的固有色，不要僵死地处理。

在以面为主的素描速写中，是以运用黑白规律来经营画面的。黑白做为一种表现手段，以常用的几种明暗表现方法形成独特的审美趣味，所以对于初学者除了了解明暗规律外，也有必要了解一些黑白配置的比例法则。

问题提示：

明暗表现方法：

1. 黑白要讲究对比，要注意黑白鲜明，忌灰暗。
2. 黑白要讲究呼应，要注意黑白交错，忌偏坠一方。
3. 黑白要讲究均衡，要注意疏密相间，忌毫无联系。
4. 黑白要讲究韵律，要注意起伏节奏，忌呆板。

作业安排：

1. 课时：12 学时。
2. 训练内容：

在线描速写的基础上加入明暗调子表现建筑在光照下的形态结构。

采用临摹成功作品和图片归纳的方法进行练习。

3. 作业要求：

A4 图纸 10 张素描速写的表现力练习。

1.3.4 以色彩为主要表现手段的画法

1. 马克笔画法

马克笔由于其色彩丰富、作画快捷、使用简便、表现力较强，而且能适合各种纸张，省时省力，因此在近几年里成了设计师的宠儿。

（1）如何选择马克笔

① 选择马克笔要注意什么？

马克笔分为水性与油性。油性马克笔快干、耐水、而且耐光性相当好。水性马克笔则是颜色亮丽、清透。还有，用沾水的笔在上面涂抹的话，效果跟水彩一样。有些水性马克笔干掉之后会耐水。大家要去买马克笔时，一定要知道马克笔的属性跟画出来的感觉才行。马克笔这个画具在设计用品店就可以买到，而且只要打开盖子就可以画，不限纸张、各种素材都可以上色。

② 马克笔的颜色好多，刚开始要用什么颜色比较好？

马克笔就算重复上色也不会混合，所以初学者最好根据自己的需要来选择颜色。其实，马马克笔本来就是展现笔触的画材。不只是颜色、还有笔头的形状、平涂的形状、面积大小，都可以展现不同的表现方法。为了能够自由地表现点线面，所以最好能收集各种种类的马克笔。有两个笔头的马克笔相当好用。

③ 为了让颜色看起来更艳丽，要画在什么纸上比较好呢？

读者最好是画在马克笔专门用纸 PAD 上面，不过要是画面很大的话，可以画在描图纸上。专家们都会将底稿影印在 PAD 上，然后在影印稿上面上色。这样一来，即使上色失败，只要再影印一张重画就行了。

④ 在底稿影印稿上面上色，影印的墨线会晕开，画面看起来脏脏的，有什么好的解决方法？

读者可以用不会晕开影印线的马克笔，就是酒精系列的油性马克笔。

（2）马克笔单色练习的方法

对于刚接触马克笔的同学先进行单色练习是非常有必要的，因为它无需考虑色彩关系，只考虑明暗关系，比较容易把握。

① 先用冷灰色或暖灰色的马克笔将图中的基本明暗调子画出来。

② 在运笔过程中，用笔的遍数不宜过多。在第一遍颜色干透后，再进行第二遍上色，而且要准确、快速，否则色彩会渗出而形成混浊之状，而没有了马克笔透明和干净的特点。

③ 用马克笔表现时，笔触大多以排线为主，所以有规律地组织线条的方向和疏密，有利于形成统一的画面风格，注意灵活运用排笔、点笔、跳笔、晕化、留白等方法。

④ 马克笔不具有较强的覆盖性，淡色无法覆盖深色。所以，在给效果图上色的过程中，应该先上浅色而后覆盖较深重的颜色；并且在要注意色彩之间的相互和谐，忌用过于鲜亮的颜色，应以中性色调为宜。

⑤ 单纯的运用马克笔，难免会留下不足。所以，应与彩铅、水彩等工具结合使用；有时用酒精作再次调和，画面上会出现神奇的效果。

（3）马克笔多色练习

① 准备

要想画出一幅成功的渲染图，前期的准备必不可少。马克笔的一大优势就是方便、快捷，不像水彩水粉那么复杂，有纸和笔就足够了。通常使用两种纸：一种是普通的复印纸，用来起稿画草图；另一种是硫酸纸（A3），用来描正稿和上色。硫酸纸是我非常喜欢的纸型，实践证明，马克笔在硫酸纸上的效果相当不错，优点是有合理的半透明度，也可吸收一定的颜色，可以多次叠加来达到满意的效果。复印纸等白纸类的纸张吸收颜色太快，不利于颜色之间的过渡，画出来的往往偏重，不宜做深入刻画，只适用于草图和上色练习。画笔也需要两类，针管笔和马克笔。针管笔以一次性的为好，备几种型号，可以用 0.1，0.3，0.5 和 0.8 粗细的笔头，画面有了线型的变化才会丰富。一次性针管笔在硫酸纸上挥发性好，线条流畅，注水的针管笔或钢笔画出来干得很慢，很容易蹭脏画面。马克笔有韩国产的 "TOUCH" 系列，油性，120 种色，有方头和圆头，价格在十元左右，水分很足，用起来很好。作为专业表现，颜色至少六十种以上，当然，马克笔也根据个人喜好而定，但最好是油性的。

② 草图

草图阶段主要解决两个问题：构图和色调。构图是一幅渲染图成功的基础，不重视构图的话，画到一半会发现毛病越来越多，大大影响作画的心情，最后效果自然不佳。构图阶段需要注意的有透视、确定主体、形成视觉中心、各物体之间的比例关系、还有产品的比例等等，尽量做到准确。关于构图的基本法则前面有详述。

色调练习对初学者来说相当有必要，可以锻炼色彩感觉，提高整体的概念。初学者需要把勾好的草图复印几个小样（A3 就行），快速上完颜色，每幅 20 分钟左右，每幅都应有区分，或冷调，或暖调，或亮调，或灰调，不抠细节，挑出最有感染力的一幅作正稿时的参考。在这两个步骤完成后，心中对最后的效果应该有七八分的把握了。

③ 正稿

在这一阶段没有太多的技巧可言，完全是基本功的体现。如何把混淆不清的线条区分开来，形成一幅主次分明、趣味性强的钢笔画？通常从主体入手，用 0.5 粗细的针管笔勾勒轮廓线，用笔尽量流畅，一气呵成，切忌对线条反复描摹。先画前面的，后画后面的，避免不同的物体轮廓线交叉。在这个过程中边勾线条边上明暗调子，逐渐形成整体。如果对明暗调子把握不准

图 1.13

的话，可以只对主体部分做少量的刻画，剩下的由马克笔来完成。马克笔的表现力也足以主宰画面。

④ 上色

上色是最关键的一步，应按照建筑的结构上色。

马克笔的色度有很多种，通常分两大系列，即黑灰系列和彩色系列。初学者在日常草图绘制中最多最常使用的是灰色系列，在快捷表现明暗结构关系的方式中，它来得最快最直接；当然也可以直接用彩色系列，但必须对产品的色彩之间的关系有充分的把握，如明度、色相等。

一个基本的原则是由浅入深，一开始往深里画，修改起来将变得困难。初学者在作画过程中要时刻把整体放在第一位，不要对局部过度着迷，忽略整体，后果将惨不忍睹，“过犹不及”应该牢记。

重要的是画关系，明暗关系，冷暖关系，虚实关系。这些才是主宰画面的灵魂，建筑的一切受着环境的影响，并不是孤立存在，关系没画准，只能说是一堆颜色的堆砌，而不能称为一幅成功的渲染图。对比是画准这些关系的手段，在画的过程中还要学会分析思考。

⑤ 调整

这个阶段主要对局部做些修改，统一色调，对物体的质感做深入刻画。到这一步需要彩铅的介入，作为对马克笔的补充。彩铅修改一般不要快，只能薄薄盖一层，画多了容易发腻，反而影响效果。

a. 尖锐角面的处理

面的画法：读者在用马克笔画面的时候切忌将面画得过死。要学会留白，要运用笔触的交错画出透明而生动的面来，在画的时候要灵活运用马克笔的各个形面。

b. 有 R 角面的处理

首先明确光线的来源，然后用较淡的马克笔在 R 的半弧偏一点的位置旋转落笔，其手法要直接肯定，手感要稳健，下笔要准确、肯定。

c. 弧曲面的处理

同样要考虑光线的来源，而后根据曲率变化和明暗变化的特征及转折关系，用简练准确的手法先将暗面迅速地画出，图中的这种简洁宽松的用笔把对象表现的非常到位；再用叠加的笔法表现物体的厚重感。关键是用笔的次序要掌握好，要用先轻后重的处理方法，使笔触与笔触之间相互配合。

步骤图如图 1.14 所示。

a. 铅笔勾勒外形

b. 用钢笔画出轮廓及基本明暗

c. 用赭石褐色渲染氛围

图 1.14　远眺威尼斯（作者：程晟）

作业安排：

1. 课时：12 学时。

2. 训练内容：

用同色系列的马克笔表现建筑的明暗关系，强调空间感和素描五大关系。

采用临摹成功作品、图片归纳和实物写生的方法进行练习，逐渐掌握马克笔的性能和特点。

3. 作业要求：

A4 图纸 10 张，马克笔单色练习，注重笔触的练习和光影的归纳。

A3 图纸 4 张，马克笔多色练习，注重笔触在大画面中的处理和协调性的把握。

2. 水粉画法

水粉是一种不透明的水彩颜料，用于建筑速写表现图已有很久的历史。由于其覆盖力强，绘画技法便于掌握。

下面介绍一下水粉渲染退晕技法。

建筑表现图中退晕是表现光照和阴影的关键。水粉和水彩渲染的主要区别在于运笔方式和覆盖方法。大面积的退晕用一般画笔不宜均匀，必须用小板刷把十分稠的水粉颜料迅速涂在画纸上，往返反复地刷。面积不大的退晕则可用水粉画扁笔一笔笔将颜色涂在纸上。在退晕过程中，可以根据不同画笔的特点，运用多种笔同时使用，以达到良好的效果。

图 1.15

水粉退晕有以下几种方法。

（1）直接法或连续着色法

这种退晕方法多用面积不大的渲染。这种画法是直接将颜料调好，强调用笔触点，而不是任颜色流下。大面积的水粉渲染，则是用小板刷刷，往复地刷，一边刷一边加色使之出现退晕。必须保持纸的湿润。

（2）仿照水墨水彩“洗”的渲染方法

水粉虽比水墨、水彩稠，但是只要图板坡度陡些也可以缓缓顺图板倾斜淌下。因此，可以借用“洗”的方法渲染大面积的退晕。

（3）点彩渲染法

这种方法是用小的笔点组成画面，需要很长时间，耐心细致地用不同的水粉颜料分层次先后点成。所表现的对象色彩丰富、光感强烈。

作业安排：

1. 课时：12 学时。

2. 训练内容：

用水色技法和水粉技法相结合的方法完成建筑速写快速表现的练习，用水色技法的快捷、概括、一气呵成的特点表现整体的色彩关系、明暗关系和增加画面的总体效果。用水粉技法的覆盖力强，绘画技法便于掌握的特点进行细节的深入刻画。

采用临摹成功作品、图片归纳的方法进行练习。

3. 作业要求：

A3 图纸 2 张，快速画法的练习，注重水色的大笔触表现和水粉的深入刻画。

3. 彩色铅笔画法

彩色铅笔之所以倍受设计师的喜爱，主要因为它有方便、简单、易掌握，运用范围广，效果好，是目前较为流行的快速技法之一。尤其在我们这种快速表现中，用简单的几种颜色和轻松、洒脱的线条即可说明建筑设计中的用色、氛围及材质。同时，由于彩色铅笔的色彩种类较多，可表现多种颜色和线条，能增强画面的层次感和产品固有色。彩色铅笔在表现一些特殊肌理，如木纹、织物、皮革等肌理时，均有独特的效果。

在我们具体应用彩色铅笔时应掌握如下几点：

（1）在绘制图纸时，可根据实际的情况，改变彩铅的力度以便使它的色彩明度和纯度发生变化，带出一些渐变的效果，形成多层次的表现。

（2）由于彩色铅笔有可覆盖性，所以在控制色调时，可用单色（冷色调一般用蓝颜色，暖色调一般用黄颜色）先笼统的罩一遍，然后逐层上色后向细致刻画。

（3）选用纸张也会影响画面的风格，在较粗糙的纸张上用彩铅会有一种粗旷豪爽的感觉，而用细滑的纸会产生一种细腻柔和之美。

图 1.16

作业安排：

1. 课时：4 学时。
2. 训练内容：

用彩色铅笔表现建筑速写的空间感和质感。

采用临摹成功作品、图片归纳和实物写生的方法进行练习，掌握彩色铅笔的性能和特点。

3. 作业要求：

A4 图纸 2 张，彩色铅笔练习，注重质感的表现和笔触的细腻特征。

1.3.5 综合画法

综合画法手法灵活多样，可以用多种工具进行灵活绘制，穿插使用；但要熟练掌握各种工具的特性，发挥各种工具的长处，才可以绘制出细腻丰富的层次和颜色关系。

综合画法采用纸上墨线描绘形体。根据设计的要求选择恰当的表达方式，利用各种工具的长处进行综合绘制。

第 2 章　建筑速写的组成要素

>>>

第 2 章　建筑速写的组成要素

2.1　线条与结构

2.1.1　线条的作用

线条是建筑速写中最为重要的构成要素。它关系到画面的空间效果，它在画面中的作用是不可替代的。尤其对建筑钢笔画来说，整个画面的表现形式都是以线条来体现的，它是画面的骨架。有骨才有血和肉，所以它对于画面有着决定性的意义。

图 2.1　作者：主峰

图 2.2

图 2.3 作者：主峰

线条不仅能够反映客观事物的基本形态，而且可以通过线条自身的变化传情达意，同时还能够体现作者本身的慧心灵性。

在绘画基本功训练中，要求线条准确、肯定、均匀和有力。恰当地运用线条的疏密、明暗，用以表现物体结构和立体感、空间感、质量感。建筑速写的轮廓和结构，建筑的形象都要依靠线条来展现出来。同时，它体现着建筑速写的审美趣味，线条在速写中有着多种表现形式和特征，不同的线条会呈现出不同的审美韵味。在写生时，要依据现场表现对象的特点和现场的感受，进而决定用线的形式。

图 2.4　作者：李怡

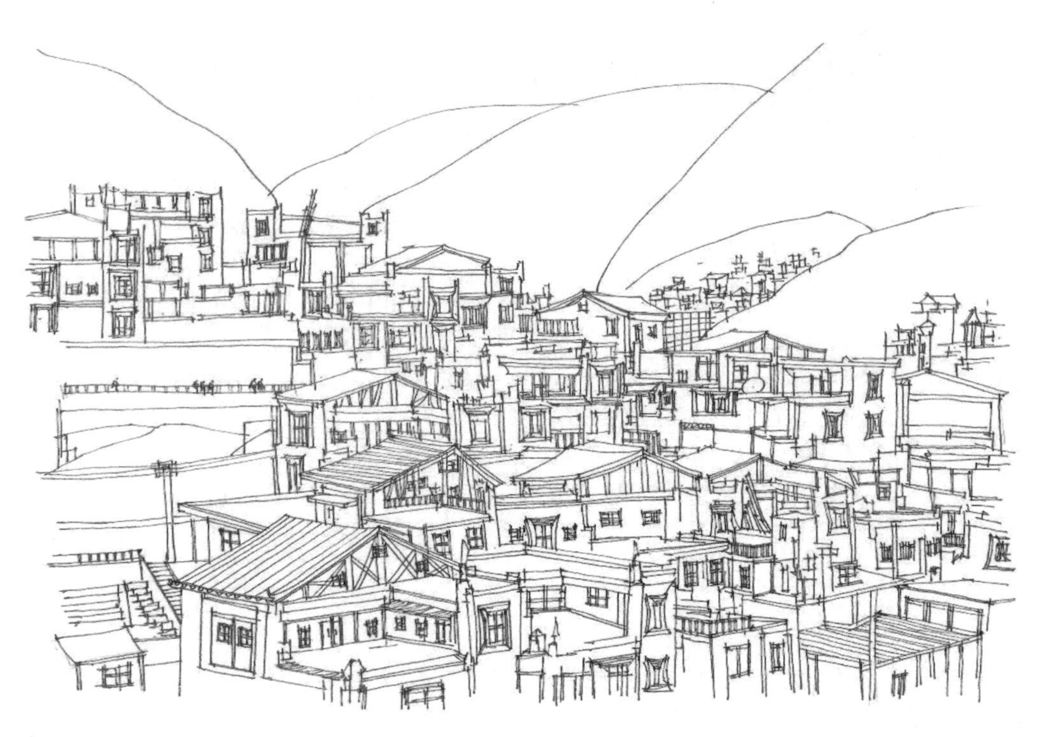

图 2.5

2.1.2 结构的表达

结构是建筑钢笔画中最能体现建筑鲜明特征的表现内容。首先需要画者对建筑的结构特征有所了解和掌握，从建筑的体块出发，理解建筑结构的穿插关系，学会概括；再合理运用线条，表现出建筑的厚度与力度，体现建筑的结构特征和形态美感。

图 2.6

建筑是一个三维的几何形体，由于建筑体量比较大，初学者对于结构的理解可能不太容易掌握，在绘画时，很容易就陷入到对局部的刻画和描绘，这样容易造成画面的建筑比例、尺度和透视上的失衡，因此需要从整体上进行概括和把握，也就是说要在理解大致结构的基础上，再丰富细节与变化。

图 2.7

2.2　建筑速写中的尺度与比例

2.2.1　建筑速写的尺度与尺度感

建筑的形态是由长、宽、高的三维尺度决定的，所以读者在画建筑速写时，要注意对建筑的三维尺度以及空间环境的把握。通过对建筑的观察，用眼睛去衡量，确立建筑的尺度感和空间感。尺度感和空间感是建筑速写中必需的意识。这种尺度感和空间感也是需要在建筑速写训练和培养过程中逐步寻求的感觉。

图 2.8

图 2.9 作者：李姗姗

2.2.2　建筑速写中的比例关系

对比例关系的把握是画者在建筑速写中还原场景的原则，是建筑场景中所有物象尺度之间的一种关系。在建筑速写中一方面要注意把握建筑本身、建筑与环境之间、建筑与人之间的关系，将其正确地体现在构图当中，另一方面是要根据画幅考虑在画面上所表现出来的建筑大小，掌握好建筑与画面的比例关系，建筑与环境的比例关系。建筑速写实际上是对实际事物的缩小，只有把握好比例关系，才能把整个建筑场景的效果真实地表现出来。

图 2.10

图 2.11　作者：李怡

2.3 建筑速写中透视的运用

因建筑处于三维的环境中，所以透视对于建筑速写来说是至关重要的。进行室内外建筑速写创作时，都有一个绘图的技法、技能问题，透视是绘制建筑速写最重要的基础。一幅建筑速写不管有多少精彩的细节和线条，如果在透视方面出现差错，那所完成的建筑速写是毫无意义的。透视的控制和把握对于画面是至关重要的，所以在探讨表现技法的之前，就得先对透视有充足的了解，掌握空间的透视原理。

图 2.12 作者：李姗姗

透视图的基本原则有两点：一是近大远小，离视点越近的物体越大，反之越小；二是不平行于画面的平行线其透视交于一点，透视学上称为消失点。因此，在绘制建筑速写时，首先，就是要明确建筑物的透视轮廓，不必每一根线条都符合透视规律，只要保证建筑物在大的轮廓和比例关系上基本符合透视作图的原理就够了；至于细节，多半是凭借感觉和经验来确定的。

2.3.1 一点透视的特点及应用

一点透视，也称平行透视。画者视线与所画建筑的立面呈 90 度夹角关系，以立方体为例，也就是说我们是从正面去看它。这种透视具有以下特点：构成立方体的三组平行线，原来垂直的仍然保持垂直；原来水平的仍然保持水平；只有与画面垂直的那一组平行线的透视交于一点，而这一点一定在视平线上。这种透视关系叫一点透视。

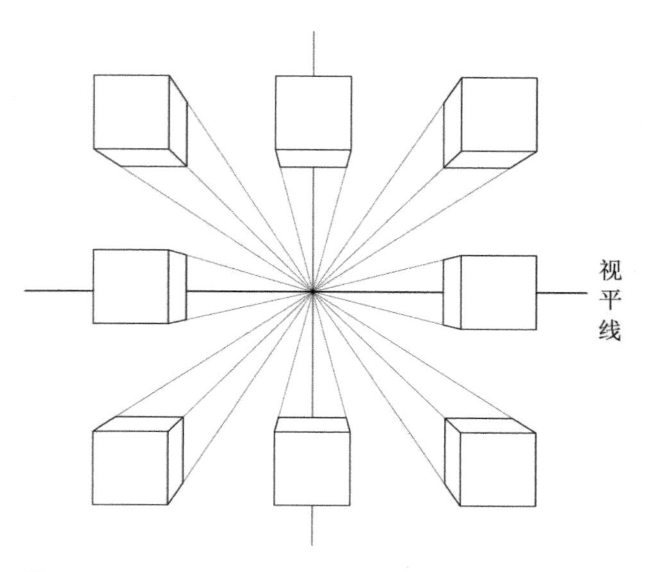

图 2.13

首先在画面适当的位置画一条水平线（视平线），然后再画一条垂直线，相交点作为消失点。消失点位置的选择极为重要，因为消失点决定了画面上所有透视线的方向。从灭点画出多条放射线，这些线就是所谓建筑关系的透视线，也就确定了建筑大体上的透视关系，再依据这些线来画出建筑物。建筑物上所有的内容和细节都是由放射线的方向来确定的。

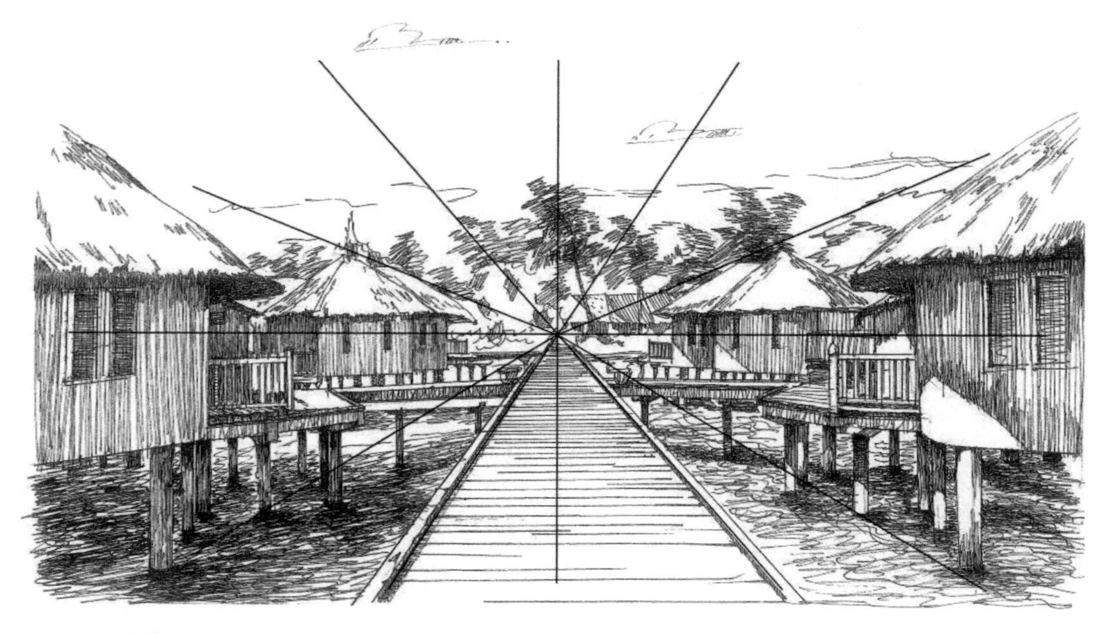

图 2.14　作者：张永强

用一点透视法可以很好地表现出建筑的进深感。不足之处是构图比较呆板，且建筑物亦不能具备较明确的体积感。一点透视适合表现街景，也更加擅长表现层次较多的建筑空间，这也是两点透视所不能表达的效果。

图 2.15

图 2.16

作业安排：

1. 课时：12 学时。
2. 训练内容：

在线描速写的基础上运用一点透视的方法进行练习。

采用临摹成功作品和图片归纳的方法进行练习。

3. 作业要求：

A4 图纸 3 张，一点透视的表现练习，掌握一点透视的方法。

2.3.2 两点透视的特点及应用

两点透视又称成角透视。两点透视在建筑速写中比较常见，以两点透视画建筑速写，透视感强烈，画面比较生动，透视表现更为直观、自然，接近人的实际感觉，角度选择要十分讲究，否则容易产生变形。两点透视的特点是可以看到建筑的两个面，用这种角度画出的建筑，体积感比较强。一般来说，这种表现图比起一点透视要显得活泼一些。

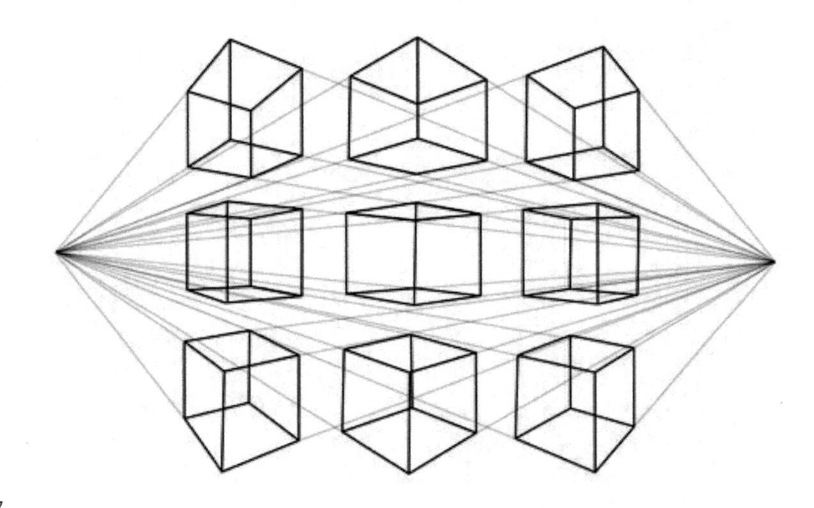

图 2.17

图 2.18

以立方体为例，我们不是从正面去看它，而是把它旋转一个角度去看它，垂直于地面的那一组平行线仍然保持垂直，与地面平行的那两组平行线的透视分别消失于画面的左右两侧，因而产生两个消失点。这两个点都在视平线上。建筑上所有与地面平行的线都最终与消失点汇合，这就是两点透视。它的构图好坏，与一点透视一样，均决定于消失点位置的选择，读者在绘图时要避免建筑外形轮廓线与透视线坡度一致而引起的单调感。

图 2.19

图 2.20

作业安排：

1. 课时：12 学时。

2. 训练内容：

在线描速写的基础上运用两点透视的方法进行练习。

采用临摹成功作品和图片归纳的方法进行练习。

3. 作业要求：

A4 图纸 3 张，两点透视的表现练习，掌握两点透视的方法。

2.3.3 三点透视的特点及应用

三点透视也称斜角透视，常用于绘制建筑物的仰视图，有助于表现建筑物高耸、挺拔的感觉。这种透视一般是画者视线与建筑的距离比较近，是画者视线与所画建筑产生仰视的角度关系。一点透视和两点透视是比较常见的透视关系，应用的情况比较多，而这种三点的透视关系一般应用的情况比较少，但每一种透视规律都需要掌握，这对于画面构图起着决定性的作用。

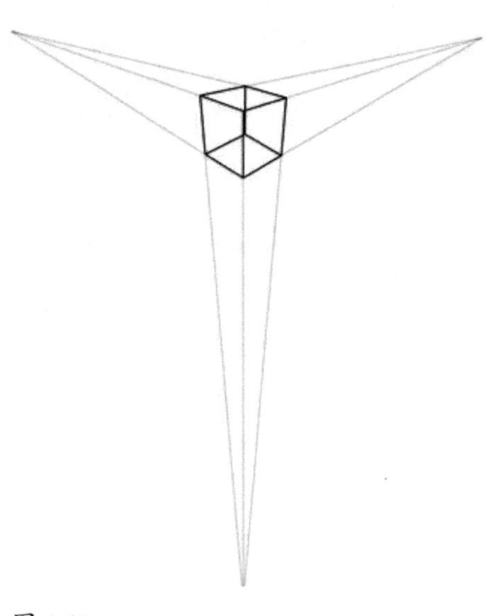

图 2.21

仍以立方体为例。立方体的三组平面与画面都成角度，而这三组线消失于三个消失点为三点透视，在环境的上部看物体呈俯视状，在环境的下部向上看物体呈仰视状，称俯视图或仰视图。在钢笔画表现建筑整体景物及空间环境的相互关系时，采用俯视的三点透视来表现建筑群体，能够获得清晰的视觉效果。

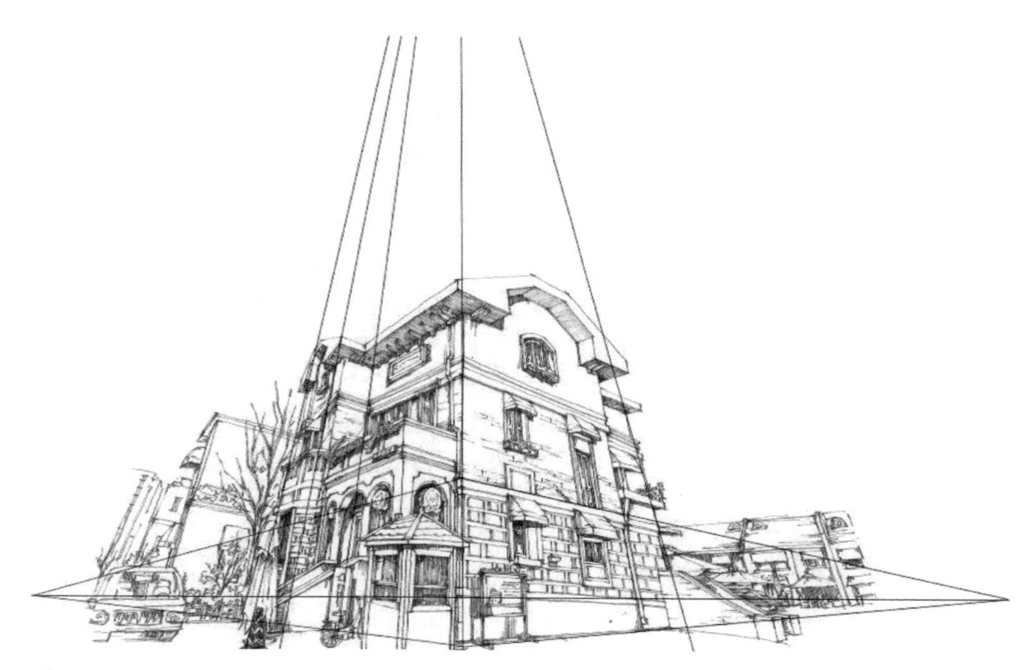

图 2.22

图 2.23

图 2.24

作业安排：

1. 课时：12 学时。
2. 训练内容：

在线描速写的基础上运用三点透视的方法进行练习。

采用临摹成功作品和图片归纳的方法进行练习。

3. 作业要求：

A4 图纸 3 张；三点透视的表现练习，掌握三点透视的方法。

2.3.4 景物透视

在写生时，要注意到我们所观察到的景物与我们在画面上的表达并不是一致的，但是大的透视关系是一致的，我们要主观处理画面上的构图。人物在画面中的大小、高低与视平线有直接的关系，画者站在地上描绘场景和坐在地上描绘出来的透视是有差别的。如果画者站在地上描绘，那么不管人物的远近和大小，所有在这个地面上的人物的眼睛大约就在这个视平线上；同样，如果画者坐在地上描绘场景，那么不管人物的远近和大小，所有在这个地面上的人物的膝盖大约就在这个视平线上。

在画有人物和车辆的场景中要注意人物和车辆的比例关系，要伴随着视平线的高低变化来调整它们的高差。

图 2.25　作者：王佳宁

作业安排：

1. 课时：12 学时。
2. 训练内容：

在线描速写的基础上运用景物透视的方法进行练习。

采用临摹成功作品和图片归纳的方法进行练习。

3. 作业要求：

A4 图纸 3 张，景物透视的表现练习，掌握景物透视的方法。

2.4 建筑速写的选景与构图

2.4.1 建筑速写选景的要点

在钢笔画写生作品中，我们所面临的首要任务就是取景。也就是如何识别、发现足够有吸引力的题材。不论什么样的环境，都会有它的动人之处。寻找和感悟才是最重要的，这也是提高我们审美能力的过程。其次是提高在纸面上和脑海中反映构图的能力，为了能更好地掌握钢笔画的表现方法，初学者通常要对安排好的表现对象进行基础造型能力的训练，但在钢笔画创作中，就需要初学者自我进行合理的逻辑安排，使整个画面的构成要素都相互协调。

无论是画一幢房子还是一排房屋，画者都要选定合适的角度和位置来表达，同时也要注意周围环境的情况，考虑到画面中的效果。在取景上，我们还可以进行框景从而选取局部。在同一个环境中，不同的框取角度会产生意想不到的画面效果。

图 2.26　作者：侯博

2.4.2 建筑速写构图的要点

构图是对画面诸多元素的合理安排。学习构图就是要研究构图的结构形式和规律，在构图的过程中，我们主观上要着重表现出的是画面的视觉中心，主观处理画面的形式和布局，构图不是实景的写照，更多的是表达画者的思想和意图。我们需要研究构图结构的基本原理和构的特殊形式，从而建立一套行之有效的关于处理构图的思维方式和方法。

1. 合理组织画面的视觉中心

在钢笔画写生或创作时，首先要根据客观对象或表现主题提出完整的构想。构图既是形象元素在画面形式上的完整安排，同时也要将作者的意图联系在一起，使观者发现视觉中心里所包含的情节中心。画面的视觉中心就是指画面中最引人注目的地方，确定视觉中心的目的是突出作者想表达的事物特征和形态，主观上处理、安排在画面醒目的位置。画面视觉中心往往是和所要表达的主题、情节的高潮等相关联的，同时也是在画面中表现最为清晰和细致的地方。

图 2.27　作者：徐蓉

2. 布局均衡

构图的布局形式是多样的，如三角形构图、井字形构图等。尽管形式的不同，但都要强调画面的均衡性。人们对画面构图平衡的要求，是源于人们在生活中需要稳定感和安全感的心理。从而需要画面的内容重点明确，色调均衡统一。

3. 处理协调画面的主次关系

主次关系就是要将所画内容分为主要景物还是次要景物，它反映了所画内容在画面构图中的总的要求。二者缺一不可，但不分主次会造成画面空洞、无主题。我们在强调主次关系的同时还要使二者不能脱离内在联系，要有所呼应，如虚实、明暗和大小等，要合理的安排在画面上。某一种主次关系的失衡，势必造成其他内容在构图形式上的变化。构图主次关系的明确，可以使画面富于生气，产生强烈的视觉效果，从而让作者的思想情感和画面美感表达更突出。

4. 节奏与韵律

钢笔画表现中，构图的节奏韵律，则体现为景物内容和其表达技法或其表达语言之间在画面中反映出来的视觉效果的强弱变化。画面中也会有抑扬顿挫、轻重缓急的层次关系。构图时也要考虑画面的节奏感，合理的安排画面，散聚相当、错落有致，避免了构图上面面俱到、平淡乏味的表述，节奏感更易于强化突出主体的形象。

作业安排：

1. 课时：5 学时。
2. 训练内容：

在线描速写的基础上注意选景与构图，使画面均衡，更加具有节奏和韵律。

采用临摹成功作品、图片归纳和实物写生的方法进行练习，掌握选景与构图的方法。

3. 作业要求：

A4 图纸 2 张，注重质感的表现和笔触的细腻特征。

2.5 色调与光影

2.5.1 建筑速写中色调的表现

大自然中客观物象总是存在不同层次的色调。在绘画作品中，景物的体面关系、质感和光感就需要通过色调和光影的调节来发挥作用。在硬笔绘画中，要了解产生和影响色调的种种因素，才能够从中表现出景物相互之间的色调和光影变化。

图 2.28

图 2.29

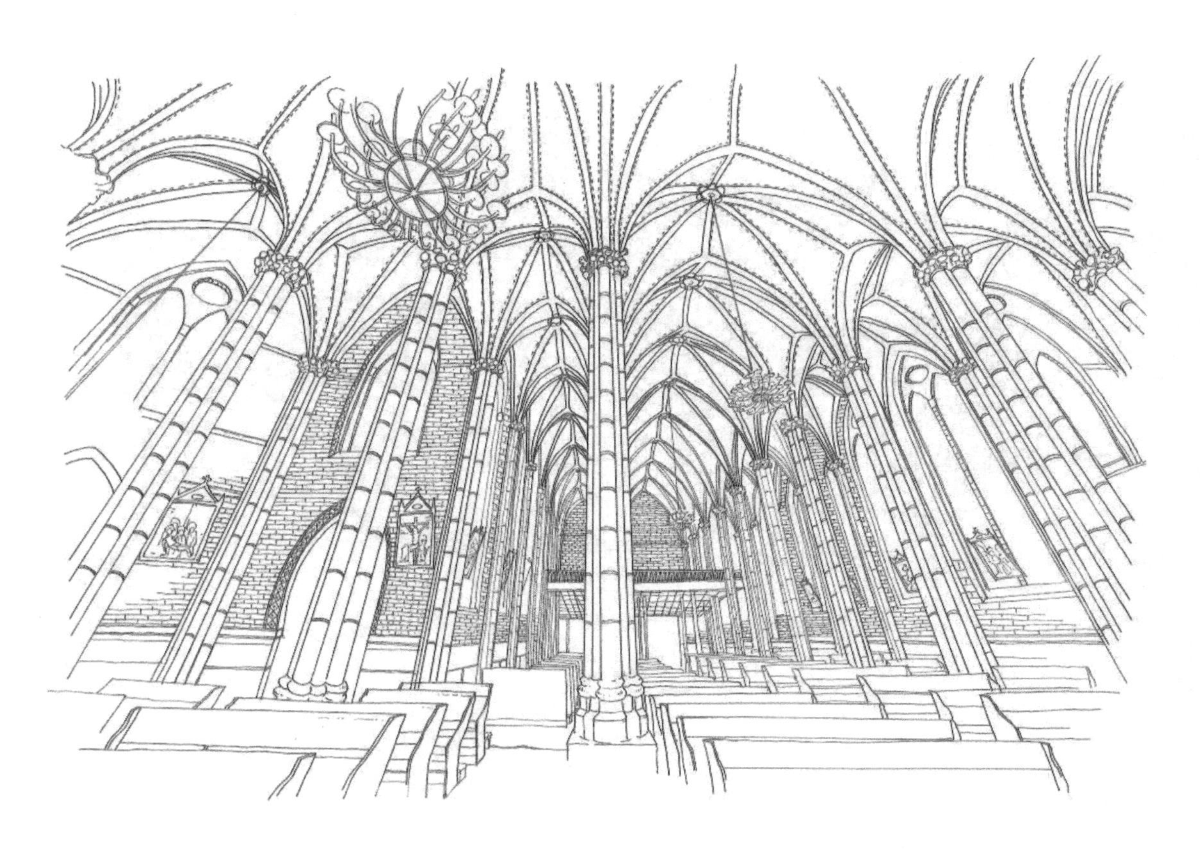

图 2.30

产生和影响景物色调变化的情况，有以下几种。

1. 固有色

在自然界中，事物本身的固有色是指其固有的色彩。而在钢笔画速写中，它是指事物本身所具有的黑白深浅度。在作画时，应该隔离事物本身的色彩属性，看到事物内在的黑白关系，并区分在光照影响下，事物黑白关系的变化，这是钢笔画速写的根据。尽管事物本身受光影的影响，但光影下的固有色，在作画时也不会成为主导因素。

作者需要主观处理这些事物之间的相互关系。

2. 光照

光的照射是影响客观物象色调的首要因素，虽然硬笔画是反映客观物象的黑白关系，但事物因有明暗素描关系，也包括在色调之中，作者的感受又是与这些因素相互协调的。光照的强弱与被照射物体之间的距离决定并影响了物象的深浅变化，同时这些周围景物在接受光照的同时，都能反射或多或少的光量，这样对被描绘物象造成了不同程度的色调影响，在光照强烈的情况下，这种变化更为明显。所以，在描绘物体的过程中，要认真观察、研究由于“光”的不同因素的影响造成的物体色调的不同变化。

3. 空间距离

当然，事物本身的固有色和光照都是影响事物的直接因素，同时不可忽视的还有观察者与客观事物的距离，这些都是影响事物的因素，都会造成物体色调的差异。

2.5.2 建筑速写中明暗光影的表现

图 2.31

自然界的主光源是日光，它的照射角度和亮度会随地点、季节、时间和气候条件的不同而变化，直接影响画面中的建筑光影关系和气氛，从而改变人们对建筑的感知。所以，在户外写生时，理想的角度和光线是很重要的。在建筑速写中，可以有效地利用光的明暗这一点来进行表现和塑造。

对光的特性加深认识，并利用它的变化来刻画建筑的凹凸关系和渲染画面气氛是建筑速写的重要表现手段。读者平时要多注意观察，晴天有利于作画，光照对比强烈，明暗分明，从而能突出事物的外部特征，把建筑的三维空间真实地显现出来，画面的节奏感也比较明快；阴天则光线柔和，明暗不突出。

图 2.32

我们在画主体建筑物及周围环境时，把次要部分作省略处理，有些色调太深的物体要作适当调整，周边逐渐淡出乃至空白。其目的只有一个，就是引导观者的目光和注意力聚焦在画面的重点、主体上来，突出画面的精彩部分。这种就是通过归纳建筑物上的光影效果所产生的明暗两大色调的变化来表现建筑的形体特征和体量感，也是建筑画速写中的另一种明暗的体现。

作业安排：

1. 课时：4 学时。
2. 训练内容：

采用临摹成功作品、图片归纳和实物写生的方法进行练习，掌握色调与光影。

3. 作业要求：

A4 图纸 2 张，体现不同光影效果。

A4 图纸 2 张，画面具有不同色调。

图 2.33

2.6　空间层次的设定

2.6.1　景物的前后关系

景物的前后关系实际上也是明暗关系的另一种表现形式。在建筑速写中利用前后关系组织画面是比较常见的表现手法。前景可以是暗部也可以是亮部；反之，远景可以是亮部也可以是暗部。同时，这种明暗关系是可以转换的，前景有突出性，密度高，有充实感，有明确的形状和轮廓线；远景有后退性，密度低，无明确的形状和轮廓线，起到衬托作用。

画面可以用明暗对比、疏密对比的手法强调前后关系，同时要注意对象的自身条件，根据画面的需要进行描绘。

图 2.34

图 2.35

图 2.36　作者：张若梅

2.6.2　画面的虚实处理

处理画面的虚实关系，目的是使主体从完整的背景中凸显出来，如增加清晰度，强化底景的衬托度，都可以使得画面虚实的关系更为强烈。被底景衬托出来完整的形象为实，简单刻画的且对比不那么强的形象为虚，实中有虚，虚中有实，虚实对比，虚是实旁边的底色，虚实关系的处理更使得画面层次丰富，对比关系强烈。

图 2.37

图 2.38

2.6.3 对比手法的运用

在建筑速写中，对比是构成形式美的重要手段。对比关系的强烈可以使画面脱颖而出。在建筑速写中，要突出对比，同时也要在对比中达到画面的统一。视觉感受尤其是指建筑速写中的对比关系，能给观者视觉和心理上以鲜明有力的震撼。

图 2.39 作者：徐菁

一般而言，在钢笔画速写中通常很少采用景物本身的固有明暗关系，很多情况下，明暗关系是由作者主观的意念创作的。在画面上安排黑、灰色调、白三种调子即可。

明暗的对比与空间的表现有着直接的联系，所以在构图中，我们也要通过明暗的构图来体现空间的层次。构图阶段不仅是形态的构图，同时也是明暗的构图；不能只停留在形态的构图阶段，而忽略了明暗在构图中的作用。

图 2.40

以明暗为表现手法的建筑钢笔画速写，是通过线条的排列和叠加来实现的。在线条的处理上，不强调线条的本身，而是把它作为一个体面来看待。运用线条的排列组织和疏密关系来表现景物的质感、空间感，使景物的空间感和层次感完美地表现出来。

作业安排：

1. 课时：5 学时。
2. 训练内容：

注意画面物体之间的对比关系，把握层次。

采用临摹成功作品、图片归纳和实物写生的方法进行练习，处理好画面层次。

3. 作业要求：

A4 图纸 2 张，注重画面层次。

2.7 建筑速写的配景

2.7.1 配景的作用

建筑物是不能孤立地存在的，它总是存在于一定的自然环境中，具有配景的绘画才能够生动真实的还原整个场景，才会使得画面完整。

建筑配景是指画面上与主体建筑构成一定的关系，帮助表达主体建筑的特征和深化主体建筑内容的对象。建筑配景对于我们来说也是十分重要的，出现在画面中的树木、人物、车辆等尽管都是些配角，却起着装饰、烘托主体建筑物的作用。依据不同的场景，配景的表达也是不同的，如应根据不同性质的建筑环境来安排不同年龄、不同职业身份的人物配景。配景植物的表现也可以成为主体，成为细致刻画的内容，使较为理性的建筑物消除孤立感，在它们的掩映下显得生机蓬勃、丰富多彩。

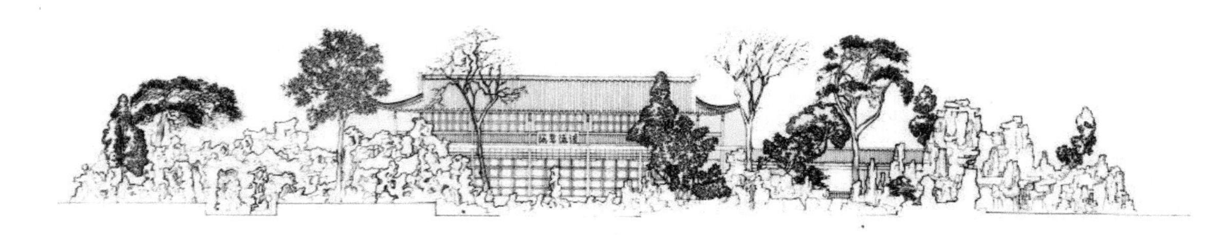

图 2.41 作者：盖也

2.7.2 配景的添置原则

配景是建筑速写表现中重要的一个环节。配景的好坏直接关系到整个画面的效果，但是画面配景的安排必须与主体建筑之间相互融合，不能过分强调细节而忽视主体，不能喧宾夺主，面面俱到。由于画面布局有轻重主次之分，所以位于画面上的配景常常是不完整的，尤其是位于画面前景的配景，只需留下能够说明问题的那一部分就可以了。配景在画面所占面积多少、色调的安排、线条的走向、人物的神情动作，都要与主体配合紧密、息息相关，不能游离于主体之外。配景强调过多，反而会造成画面主次不分。要从实际效果出发，取舍结合，把握好分寸感才是配景的要点。

建筑配景涉及人物、植物、天空、道路、栏杆等很多内容。配景可以增加画面的效果，但是要得当，一般而言，建筑物周围的环境是丰富多样的，优秀的钢笔画作品都能很好地处理建筑与环境的整体关系，避免生搬硬套，造成画面生硬。处理这种整体关系，就画面构图而言，首先是要通过思考、分析，配景也是分为前、中、远景，据此在这种大关系中再作比较，再着重表现。如人物是建筑配景里的一个有机组成部分。

配景往往是用来调节画面效果、突出主体建筑的有效手段。建筑配景的人物通常会比较概括、简洁。在近景部分可以着重刻画，中景及远景部分就只要有大概的轮廓就够了。

第 3 章　建筑速写的画法

>>>

第 3 章 建筑速写的画法

3.1 建筑速写的基础练习

通过本章对建筑速写的基础练习，读者应掌握练习的目的和要领，塑造场景中速写的造型能力，通过不同形式的画法，包括钢笔、铅笔、马克笔的画法及注意事项，熟练掌握在实际应用中不同画法的步骤、透视的把握及配景的处理方法。

3.1.1 钢笔画用笔的练习

1. 线条的掌握

线条是钢笔速写造型要素中最基本的形式，运用线条的熟练程度可以体现一个人的基本功和绘画的灵气。所以，如何运用线条来表现客观事物就显得非常关键，关于如何运用线条的训练要点在于画者对线条的理解、控制、感觉和把握。在我们欣赏的众多作品中，更多的是通过最基本的线条给人的感觉就能反映出一个人的灵性和功底。线条并不是抽象、无内容、无生命的，而是能充分体现景物结构、特征和精神，它被赋予了空间表达的一种感觉。因此，我们在做关于线条的练习时，要大胆体会和掌握不同线条形式表达客观事物的感觉，掌握慢速运线和快速运线的绘画感觉、效果，掌握用笔的灵活性和控制力，充分利用线条的疏密、轻重、节奏来把握画面的整体效果。

按照直线的构成类型可以把直线分为不相交的线、相交的线和交叉的线这三种形态。不相交的线如平行线；相交的线如折线；交叉的线如直角格子、斜叉格子等。一切的构成都是通过直线来体现，因此直线运笔时的轻重缓急关系形成画面的空间感和节奏感。运线时，将线条快

图 3.1 作者：董丽丽

速地从起点画至终点，快速的线条有刚劲挺拔感和果断感。慢速的自由线条，就要放松，运线具有流畅和生动感。

曲线的练习，如弧线、圆和椭圆都是必不可少的，它的难度比直线练习的难度要大，较小的弧度可根据手腕的运动弧度控制，较大的弧度或者圆可分段完成，这就要通过长时间的练习做到胸有成竹，事先想好弧度的轨道、始点和终点，做到流畅和准确。通过实际生活中对曲线形体的观察和归纳，熟练掌握这种感觉并记录下来应用到实际操作中。

图 3.2　作者：董丽丽

钢笔画的构成是通过线条的叠加和组织来实现的，线条的排列方式可以形成面，可以表现和突出光影的关系，面的深浅与线条的密度有着直接的关系，线条的密度决定了色调的变化。所以，线条的排列不是随意的组合，要以形体的结构为依据，线面的组织排列一般运用在阴影部分和材质的表现上。

其次要掌握线条的透视规律及变化以及运用不同线条组织色调的能力，感受不同线条组成色调层次的效果。线条排列组成色调的方式，一是同方向的线条排列，二是不同方向线条的排列。线条的绘画可以通过尺子作为辅助，也可徒手绘画，初学者以尺子作为辅助，会使画面生硬，而徒手画运用自如，不受限制，画面生动。通过反复的绘画练习就会熟能生巧，下笔果断了，这要求我们要经常动笔，在动笔的过程中逐渐找到感觉。

3.1.2 常见形体组合的训练

生活中，我们描绘出来的事物，都是抓住了事物的基本特征、形态。我们在进行钢笔画学习时，最基本的就是对琐碎的事物形态进行绘画练习，我们在描绘时，所描绘的事物无非就是生活中常见的物品，因其在形态、色调和材质上有不同的差异，钢笔画的表达也就增加了丰富的内容。通过对常见形体的绘画训练，我们要掌握复杂形体的表现能力，使画面生动，在处理色调、结构、材质的变化时，要依据整体效果决定，不要面面俱到。

图 3.3 作者：盖也

3.1.3 场景练习

建筑物的形态就是通过形体组合穿插来实现的，我们在熟练掌握后要逐步增加丰富的细节变化，绘画的过程要保持放松，但同时也是眼、手、脑并用的一个从形象到具象的过程。场景训练可以增加我们对形态结构的理解、比例和尺度上的控制，场景的练习是一个三维的训练，更重要的是空间感、尺度感和层次感。它对基本功的要求是较高的。一是要快，尽可能做到心到笔到；二是要准，对空间、结构、比例尺度和材料，都要有大体正确的表达；三是要美，画面要具有一种美感，线条的运用和组织，构图的安排和布置要使得画面生动、形象。

图 3.4

图 3.5

作业安排：

1. 课时：5 学时。
2. 训练内容：

钢笔速写提高对线条的熟练程度。

通过对常见形体的训练，掌握复杂形体的表现能力。

采用临摹成功作品、图片归纳和实物写生的方法进行练习，把握场景的整体效果。

3. 作业要求：

A4 图纸 2 张，注重质感的表现和笔触的细腻特征。

3.2 建筑速写的分项练习

3.2.1 建筑界面主要材料的画法练习

墙的种类很多，常见的有砖、石、混凝土等。建筑的材料和质地特点对于建筑速写是非常重要的，所以在绘画的过程中，我们要主观处理，最有效地表达出来。练习砖墙、大理石墙面、木板和金属质感的表达，抓住其凹凸、纹理和形状的特点，学会运用简单的点、线来表达这些材料，并突出、彰显其特点，这些需要我们认真钻研和观察，例如砖石墙面不要按照实际去把整个画面堆积而上，要留有空白；大理石的表达则需要用流畅的曲线，结合点的点缀。

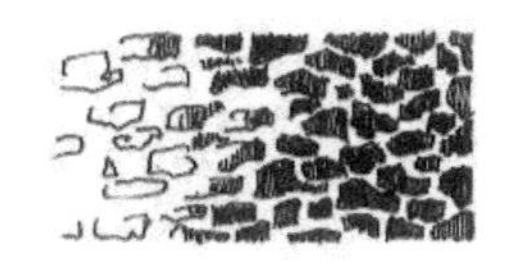

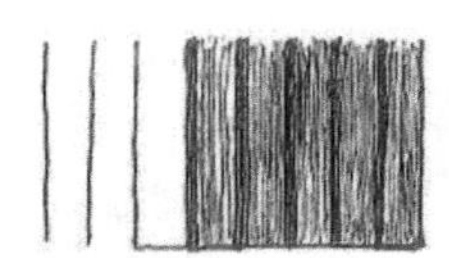

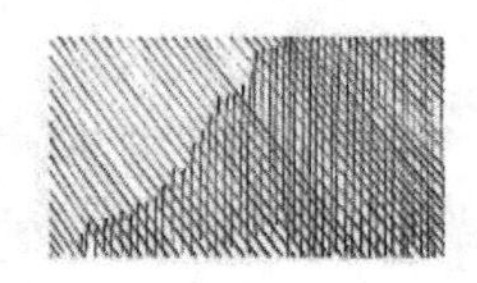

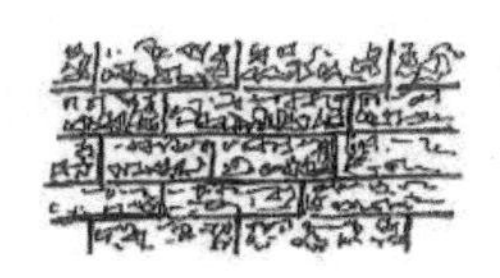
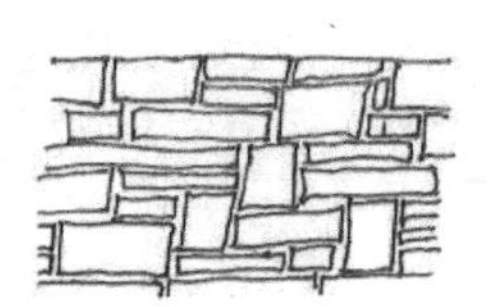
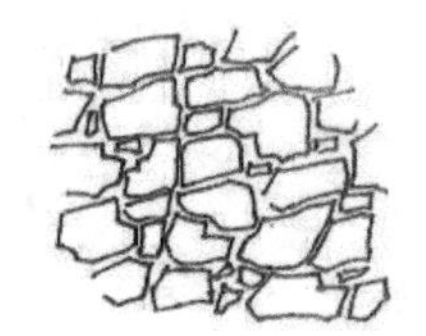

图 3.6 作者：董丽丽

3.2.2　建筑各组成部分的画法练习

建筑是钢笔画中不可缺少的写生对象，在建筑写生过程中不但要把握好构图、虚实处理等，同样建筑的各个组成部分也是表现建筑整体风格特征、形态的一部分，所以对于这些细节要进行细致的刻画，才能体现出整个建筑的内容。画好建筑局部是非常重要的，建筑局部处理得好，可以为画面增色，同时要注意建筑材料及光影的变化，处理好色调的对比关系。

下面就一些常见的建筑局部的画法进行介绍。

门：门的种类比较多，根据材质的不同可以分为木门、铁门、石门等，对于不同材质表现出来的感觉也是不一样的，在处理时，特别要注意明暗的变化，使得它与整个建筑的关系相融合，同时也要突出表现其材质上的感觉。

图 3.7　作者：敖蕾

图 3.8

图 3.9

窗：窗户和门是建筑中常见的细节和内容，窗户的表达侧重于外部体量和装饰细节的描绘。

图 3.10

瓦：瓦的表达通常用在古建上，描绘瓦面时要注意虚实变化，以点带面，以局部概括全部，无需面面俱到，否则只会显得呆板，缺少变化，造成视觉上的拥堵。要局部留有空白，才能丰富画面细节的变化。

图 3.11

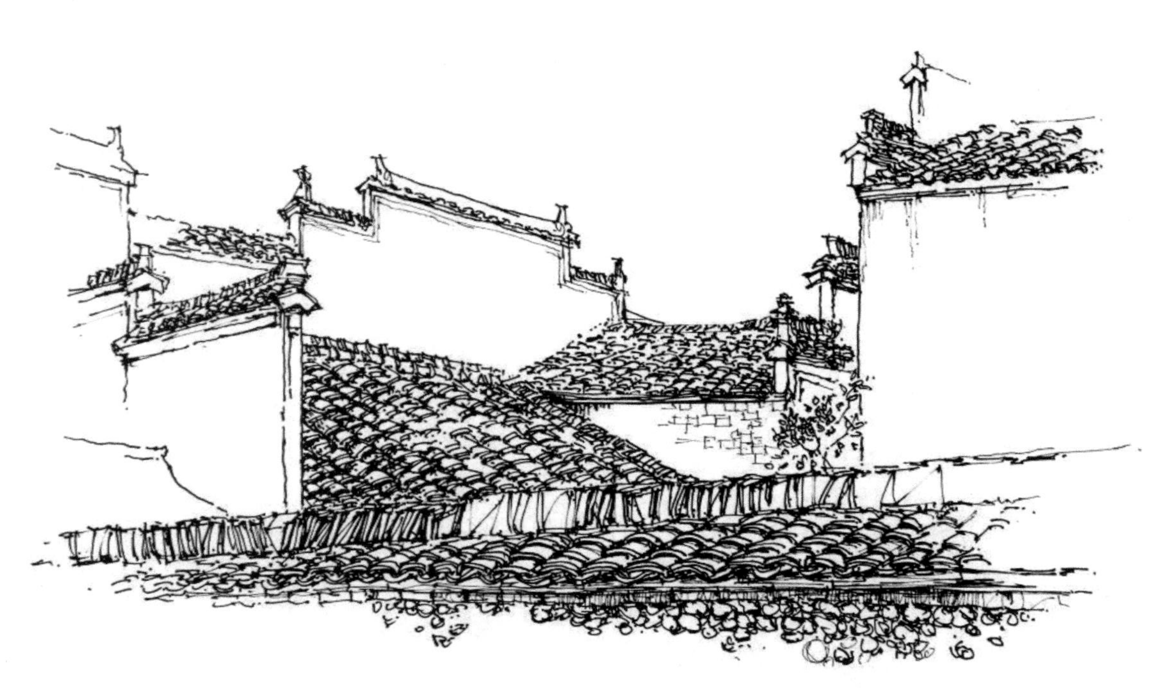

图 3.12　作者：柯宝贝

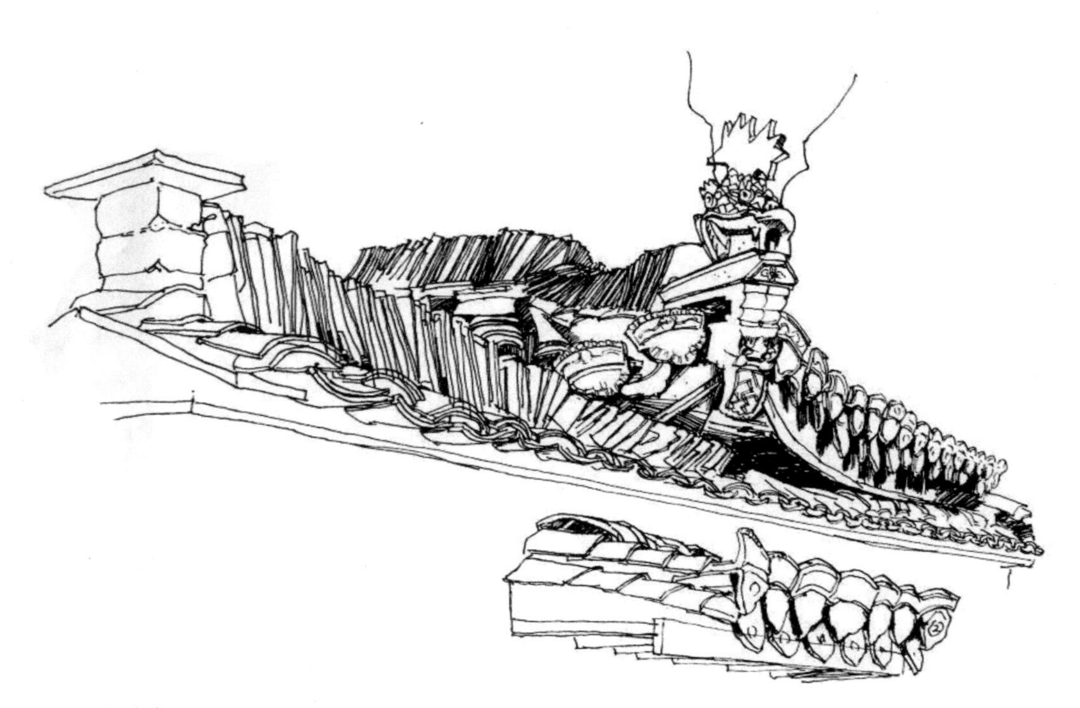

图 3.13　作者：马鹏

台阶：台阶在建筑中虽然不起眼，但却有着不可或缺的作用。它是建筑的一部分，表达得好不仅可以增添细节同时也可以突出建筑的庄严氛围，如果描绘不当将会影响建筑乃至整幅画面的效果。在描绘台阶时，特别要注意透视及比例关系，光影的表达也很重要。

图 3.14

图 3.15　作者：刘丹

3.2.3 建筑速写中配景画法与表达

在建筑速写中，各种配景是衬托出建筑的重要组成部分，与主体建筑构成一定的环境关系，配景的表达可以烘托出建筑的效果，如天空、水面、植物、车辆、人物等要素，这些要素的表现可以增添速写的感染力。

在城市空间环境中，任何一座建筑物都有其特定的空间场景，其构成元素多种多样，植被、人物、车辆、基础设施等等。这些场景要素不仅使建筑物形成了独特的环境氛围，也为钢笔画表现独特的魅力提供了素材。因此，在钢笔画表现中，配景处理得是否优秀也是最终作品能否成功的关键，根据画面的需要做适当的取舍，有时还需要做适当的改编。但要注意的是，所有配景都应以建筑主体为中心，切勿喧宾夺主，以期达到丰富建筑环境，突出建筑物本身的效果。

1. 天空

硬笔画中天空的画法多用钢笔或针管笔，其在表达的形式上也有很多变化，常见画法可用几根简单的线条来勾勒云彩的外形，来突显天空，整体简练、概括；另一种就是通过线条的排列来表达云彩，通过云彩反衬天空，增加对比关系。

就整个画面构图来说，云彩的画法要依据整张构图的透视变化来决定，要通过云彩的透视体现天空的深度，近处的云朵显然体积要略大些，中景部分稍小，远景一笔带过，整体要松紧结合，体现出空间的层次变化。

图 3.16 作者：尹涛

图 3.17　作者：张文

2. 地面

地面的画法通常以人物、植物和车辆相结合的方式，地面的范围比较广，处理画面更应该多在主观上进行处理，突出所要表现的重点，如阴影和材质，为画面增添细节的变化。

因为地面的种类很多，产生的效果也就不相同，和天空的表现一样，需要突出整体的空间透视效果，不同笔触的运用和表达能显示空间的进深效果。

图 3.18　作者：盖也

图 3.19　作者：盖也

3. 水面

水面主要指海、河、湖、溪等，水的表现具体可体现在水面的倒影上，用垂直的线或者平行的线均可，物体在水中的倒影就像一个相反方向的对影。水面的变化也可用波浪线体现出来，表现出水面波光的变化，大的水流和小的水流的波动是不一样的，可以通过增加细节的变化来丰富画面。水面的近处要不规则地根据感觉留白，远处则要较少的表现。

图 3.20

图 3.21 作者：主峰

4. 人物

人物的表现可以增加画面的生动感，在绘画的过程中要了解不同性别、着装和动作姿态的人物在画法规律上的不同。人物可以作为衡量整个场景的标尺，所以在实际的绘画过程中需要根据画面的构图与比例进行调整，不必刻画细节，要熟练掌握概括的表现方法。

图 3.22　作者：董丽丽

5. 植物绿化

植物绿化是联系建筑与环境的纽带，它起到柔化边缘的作用，使得孤立的建筑处于一个完整的场景中。植物也可以作为画面中最活跃的一部分，植物的形态和种类，其特点和造型更是千姿百态。植物的画法对于建筑速写来说，可以有多种表现方法，主要用白描的方式体现出质感和叶脉，做到虚实结合恰当。当植物处于前景时，就应该详细地刻画，表现出质感与穿插。当植物处于中景和远景时，树的变化就要小一些，可以只画出大概的轮廓造型或者当作一个面来表达，对于内部结构不做过多的描绘，便可以衬托出主体建筑。

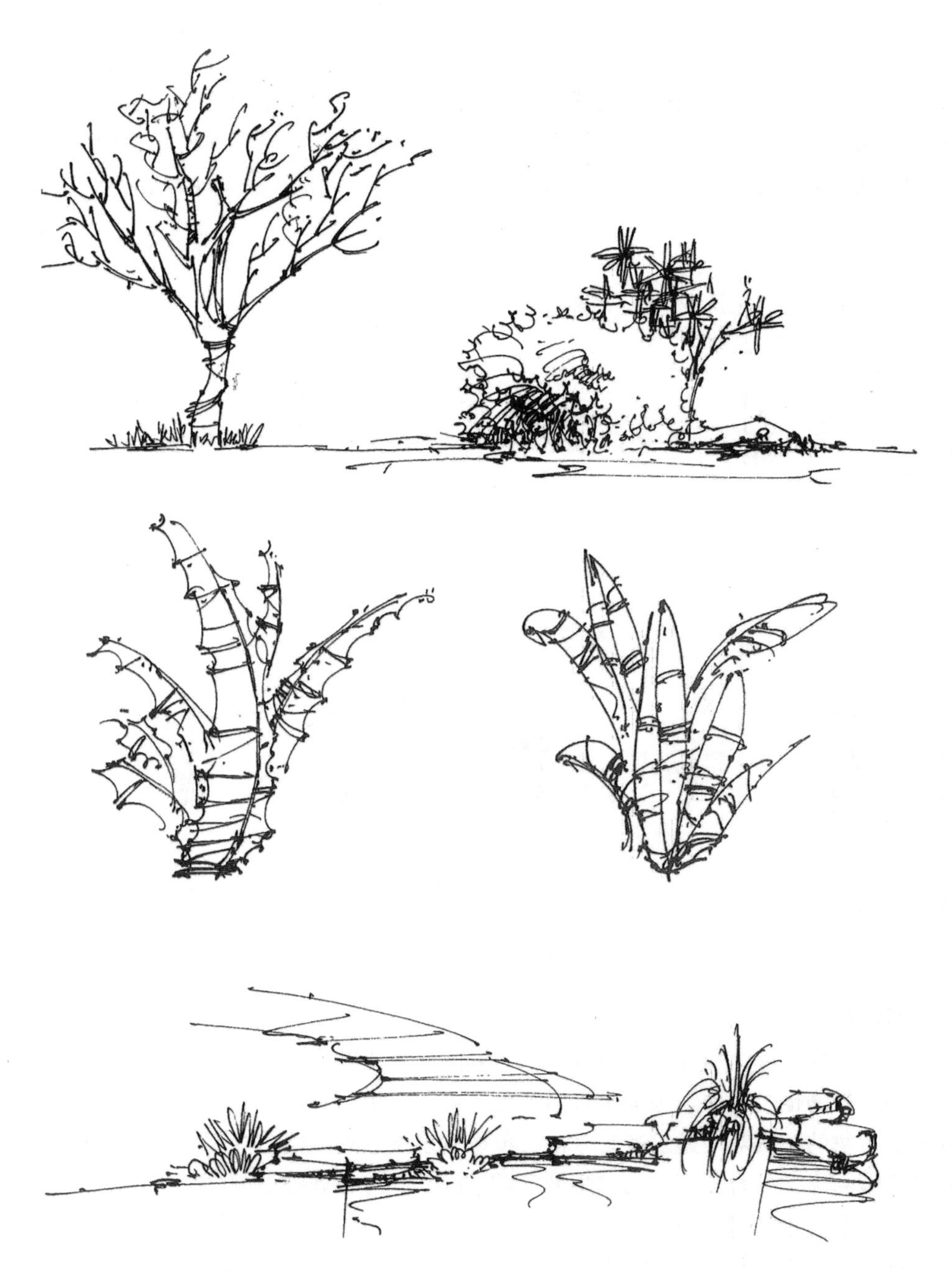

图 3.23 作者：董丽丽

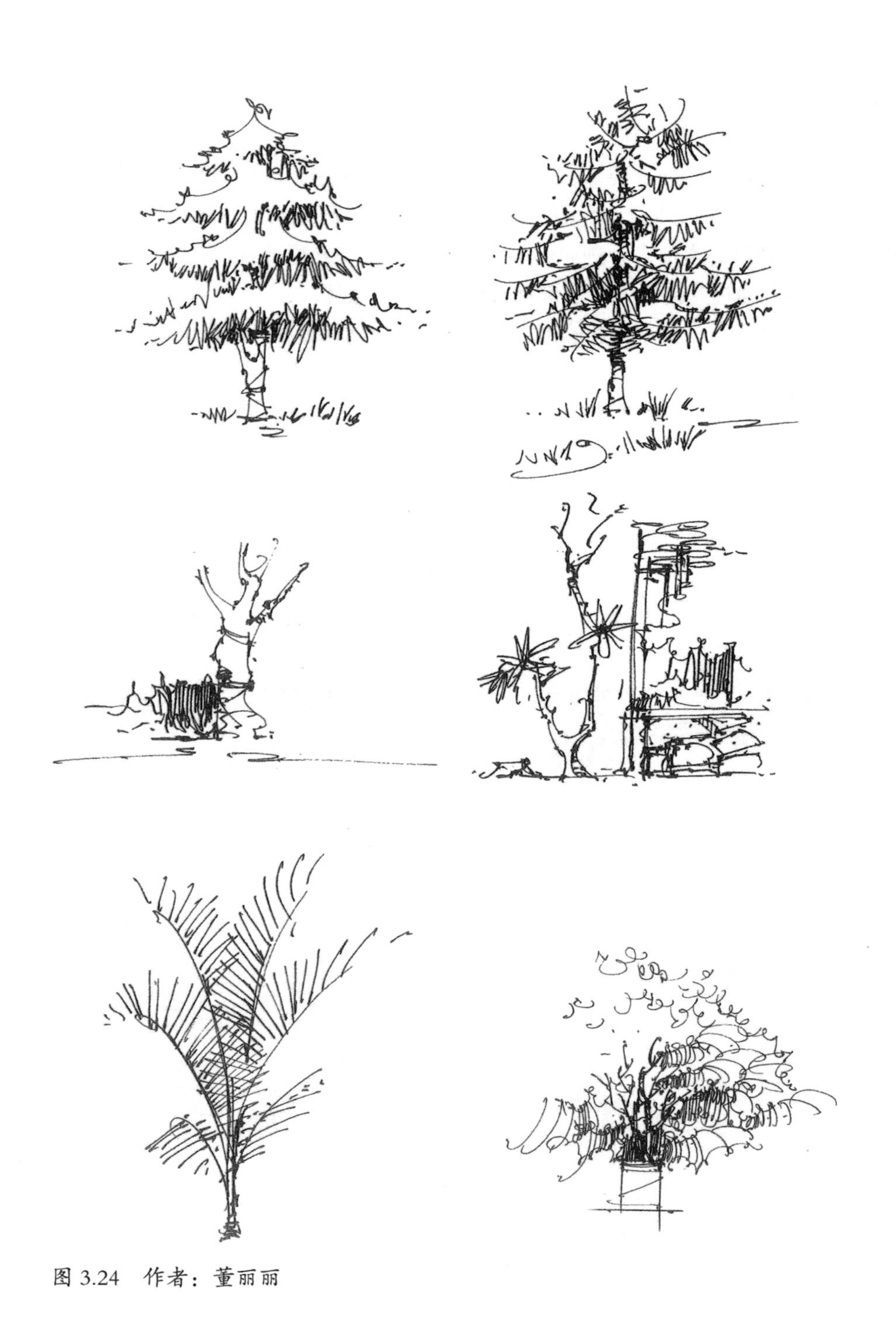

图 3.24　作者：董丽丽

一般来说，树的上部线条稀疏，甚至留白，下部线条浓密，突出树木的阴影，很自然就形成了体积感。

树的种类繁多，形态万千，在练习的过程中我们既要做到写实的画法还要学会概括的表现，如圆形、柱形还是不规则的几何形。叶子的肌理也是表现的重点，无论是概括的还是写实的都会在不同的场景中得以表现。

6. 交通工具

交通工具和车辆同样起着装饰、烘托主体建筑物的作用。这里需要了解和掌握不同车辆的画法和规律，以及在不同透视中的画法。车辆的种类繁多，因此要把握不同种类车辆的形态特点，用概括的外形勾勒出基本形态，进而画出表面的结构。在处理透视时，我们通常把车辆的整体看成一个几何体，通过几何体的透视来掌握车辆的透视规律。

配置交通工具时，一般都安排在画面的中景处，所以在尺度上应把握好比例关系。由于车辆是建筑速写的配景，因此在细部的刻画上，要根据画面的具体需要而定，当然也要遵循画面的层次性，近处细致表达，远处概括即可。

图 3.25　作者：马德华

图 3.26

作业安排：

1. 课时：12 学时。
2. 训练内容：

建筑界面主要材料的画法练习。

建筑各组成部分与环境组成部分的练习，掌握复杂形体的表现能力。

采用临摹成功作品、图片归纳和实物写生的方法进行练习，把握场景的整体效果。

3. 作业要求：

A4 图纸 11 张，对建筑组成部分与环境组成要素各部分进行练习。

3.3 建筑速写的画法

3.3.1 建筑速写的画法规律及要领

建筑速写的表现形式是多样的，无论是钢笔速写还是铅笔速写，亦或是马克笔的表达，都需要遵循一定的方法和规律，大家要勤加练习，进而熟练掌握表现的技法。

钢笔速写画是目前比较普遍和流行的一种快速的表达方式，形式也是多样的。首先用铅笔起稿，构图，定视点，画好空间透视后，在透视稿的基础上，用钢笔加重线条，根据大概的构图描绘整体场景，线条熟练生动，把大致的景物确定，再进行局部的刻画，在刻画的过程中要明确你最初的立意和想法，最后整体调整对比关系以及细节的到位程度，将所画内容用钢笔实线塑造起来。对于画面的焦点部分，线条的刻画可以更加有力、肯定，对比的强烈和线条的松动容易形成画面的视觉中心。

1. 确定立意与构图

在进行钢笔画创作时，首先要明确的就是你要表达的事物，针对你表达的事物构图取景。在绘制正式的钢笔画表现图之前，大家可以先勾勒几张草稿，即所谓的“意存笔先”“画尽意在”“胸有成竹”立意在先，构思巧妙，画中才能有创意、有变化、有特色。作者基于对对象的观察与体会而形成感受，在此基础上，选择合适的表达方式来组织、安排画面，只有立意和构思成熟了，画的时候才能做到胸有成竹。

取景与构图是画钢笔画表现图所必须掌握的基本功。当我们进行现实建筑场景写生时，面对的是我们要选择什么样的景色和角度，选取哪一部分作为我们画面中的景色，然后怎样安排组织画面，构图取景又是如何体现出来的。所以我们可以通过双手围合一个长方形作为取景框，移动来选取景致，并确定是选择横构图还是竖构图，主要的对象放在纸面的哪个位置上。画面的完整性与画面的构图有很大的关系，而构图又与安排组织画面有关，初学者往往是见到什么就画什么，致使画面失衡，因此这一点我们要谨记。

2. 视觉焦点与构图形式

钢笔画的平衡性就体现在每一幅画都有他所体现的一个视觉焦点，使观察者不自觉地把眼睛放到画面的精彩部分 . 它是画面的主体建筑或是主体建筑的最精彩部分，作为观者第一眼被吸引的部分，在立意与取景明确了之后，就要考虑视觉焦点的位置和光影，最后要使环境与主体既要分开又有所联系。对于画面的处理，要有所侧重，绘画的过程是一个思考和完善的过程，不是单单看见的就都要表达出来，要发挥我们的主观能动作用，以景物为素材，根据主观的审美意识进行必要的取舍，使画面的内容更丰富、有创意、有变化。

对钢笔画的构图研究，实际上就是对形式美在钢笔画表现图中呈现方式的研究。好的构图是适合于人们共有的视觉感受，符合人们所接受的形式美的法则，是审美实践的结晶。这种构图的形式美表现出来的形式是多种多样的。我们可以把视觉的焦点放置在构图的中景部分，前景局部留有空白，用创意的想法和形式吸引人的眼球。

在进行钢笔画绘画时，留白是一种常用的手法。留白的目的一方面是为了突出主体建筑，例如可以通过对周边环境深入刻画，对主体只是轻微描绘，留有部分的空白，构成视觉上的冲击；另一方面空白空间可以留有遐想，例如在对主体描绘得特别丰富时，配景可简化处理，或者部分留下空白，突出主体，使环境和建筑之间产生联系，产生幻想。

3. 透视的掌握与熟练

学习建筑画速写，必须要掌握有关透视方面的知识，以及透视的基本特征，才能在写生时处理好画面与透视的关系。因为透视视点的关系，也会造成同一张画产生不同的视觉效果。视点的高度是视平线相对被画建筑的水平高度，在钢笔画表现中我们把视角分为平视、仰视和俯视。平视是最为常见的视角，也会使人感到画面特别舒服，给观赏者身临其境的感觉。

视点的高低对于作画使人感到难度有所不同，产生的效果也不同。一般来说，视点高的难度要大些，地面的环境和配景要反映得多一些，透视也有所变化，正常的透视角度会相对好一些，配景和环境会有所遮掩，也是我们平时经常习作的透视方法。高视点有利于表现整个场景的纵深感，低视点有利于凸显整个建筑的宏伟、高耸。对于高层建筑，把视点安排在中间，画面的感觉就稍显平淡。

画建筑表现图时可以先画出大体的轮廓和大的透视线，在比例基本无误后，再逐步深入画出细部造型，使得画面的事物都处于整个透视中。作画时，首先在画面构图合适的位置画一条水平线（视平线），在水平线上定一个视点，它是一点透视的消失点，注意视点不要位于整条水平线中点的位置，易造成画面对称。根据目测大约测出整个的透视关系，运用铅笔淡淡地描绘出大的透视线和透视关系，体现在画面中，局部和细节也是依据透视逐一完成的。

4. 整体刻画与局部深入

在铅笔轮廓的基础上，要把握好建筑的结构与基本特征，把整个场景的基本轮廓和特征确定后，进入深入阶段，逐步对建筑的体态、结构、明暗关系加以强调，最重要的是还不能忽视材质的表现，这也是细节和局部刻画的重点。

建筑速写的基本程序如下。

（1）首先选好角度确定所表达的重点，画出大的轮廓线。

（2）注意视平线的位置，整体深入，从事物的形态轮廓线画起，再依次逐步描绘局部，要掌握好一个整体形象的概念。

（3）画面有一个整体感觉后，注重细部刻画，并着重表现细部，重点部位略加明暗，突出明暗关系的对比，丰富画面的空间层次，使画面产生多种虚实关系。

（4）增加配景，使画面更加生动。

3.3.2 钢笔速写画法

因线条明快，钢笔画成为最常见的画法形式之一，钢笔速写画法如下。

1. 构图概括轮廓

整体观察你所画的场景，构图，确认不同环境事物的位置，用单线条表现建筑的轮廓及局部的细节位置，初步确认构图的合理性和舒适性，整体的构图要符合透视规律，同时建筑的形态和比例要正确。

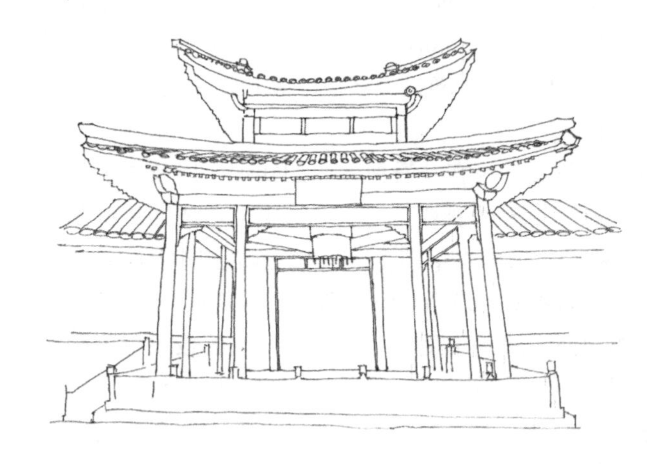

图 3.27 作者：徐蓉

2. 深入轮廓

在大轮廓的基础上，完善建筑的细节，运用线条来刻画处理整个画面的关系。

图 3.28 作者：徐蓉

3. 整体表现塑造

根据光影的变化，对建筑物整体塑造，通过色调表现出体块、空间的主次、虚实关系。对于建筑的体面、结构和光影都要融入到整个画面中，同时也要控制整体的关系，不要因为对局部的刻画使画面失衡，主体不突出。

图 3.29　作者：徐蓉

4. 细致刻画局部，突出主题

对画面深入刻画，在最初起稿时，把主体想要表达和突出的特色表现出来，使得画面完善，对比强烈，同时对于材质要有所表现，最后加上配景，使得画面生动。配景的表达注意不能过多，要随意或留有空白给人留有遐想空间。

图 3.30　作者：徐蓉

图 3.31　作者：徐蓉

图 3.32　作者：徐蓉

图 3.33　作者：徐蓉

图 3.34　作者：徐蓉

作业安排：

1. 课时：2 学时。
2. 训练内容：

熟练掌握钢笔速写画法。

采用临摹成功作品、图片归纳和实物写生的方法进行练习，把握场景的整体效果。

3. 作业要求：

A4 图纸 2 张，钢笔描绘所绘场景。

3.3.3 钢笔加马克笔速写画法

钢笔加马克笔是一直流行的表现形式，也凸显了画法的灵活、松动，钢笔既可以独立表现也可附带马克笔，画法步骤如下。

1. 钢笔构图勾勒大轮廓

整体观察、构图，运用钢笔勾勒大轮廓，应通过松动的线条表现出建筑的外轮廓以及具体细部，附上配景，使得画面完整，并把光影、明暗的变化细致地体现在画面上。

图 3.35 作者：徐蓉

2. 调整完成钢笔线稿

逐步对整体的结构、空间关系调整、塑造。对于局部明暗变化可以运用线条组合进行表现，丰富画面的层次，但要注意控制和舍去，为上色留有空间。

图 3.36　作者：徐蓉

图 3.37　作者：程昊

3. 整体铺色

在钢笔速写稿完整的基础上，运用马克笔大体铺色，表现画面的主要部分，从建筑物及配景的暗部开始。

图 3.38　作者：徐蓉

4. 着重表现、调整

整体铺色完整后，对局部和整体做出调整，强调重点，突出色调明暗、虚实关系，使得画面深入、生动，画面的深入和生动不仅体现在钢笔的线条上，也同时体现在画面色调的丰富性上。画面的重点部位，要细致重点强调，加强对比关系，附带周边环境的配景，丰富画面。

图 3.39　作者：徐蓉

图 3.40　作者：程昊

图 3.41　作者：程昊

作业安排：

1. 课时：2 学时。
2. 训练内容：

熟练掌握钢笔与马克笔的结合使用。

采用临摹成功作品、图片归纳和实物写生的方法进行练习，把握场景的整体效果。

3. 作业要求：

A4 图纸 2 张，使用钢笔与马克笔配合进行练习。

3.3.4　建筑室内速写画法

建筑速写还包括建筑的室内空间，对于室内空间的画法，和建筑外部空间的表现基本是一致的，但与建筑外部空间相比在构图和画法上有一点不同，视角决定构图的关系，建筑的内部空间视距和视野都不同，由于内部空间的局限性，所以室内的透视和室外的透视呈现正负关系，室内就要考虑内部空间的摆设、陈列。

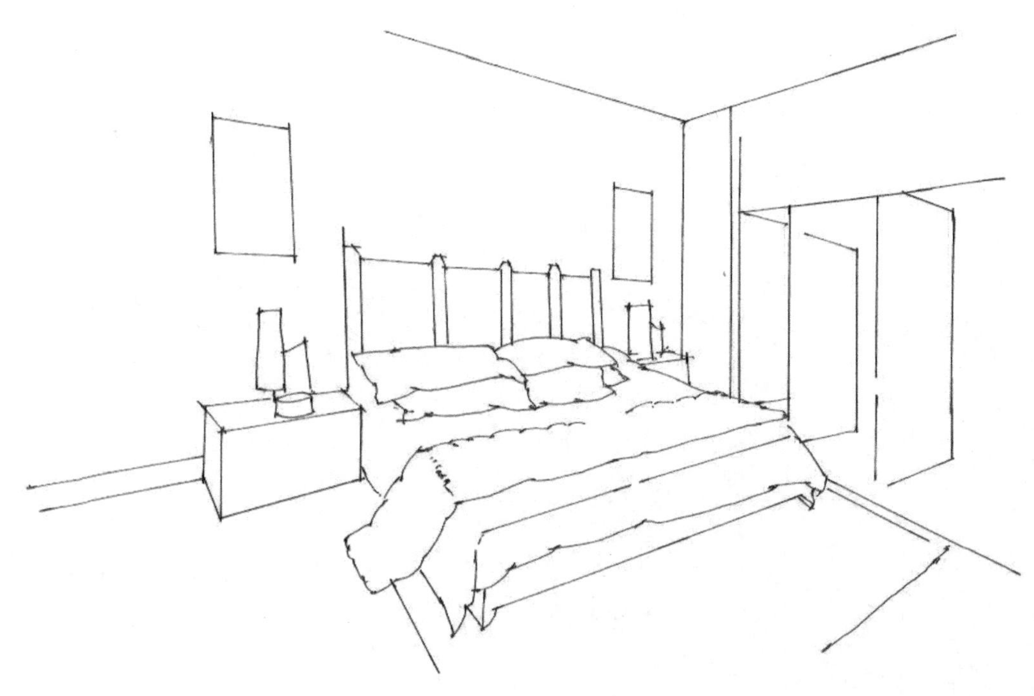

图 3.42　作者：徐蓉

图 3.43　作者：徐蓉

图 3.44　作者：徐蓉

图 3.45　作者：徐蓉

作业安排：

1. 课时：3 学时。

2. 训练内容：

熟练掌握对于室内空间的画法。

采用临摹成功作品、图片归纳和实物写生的方法进行练习，把握室内场景的整体效果。

3. 作业要求：

A4 图纸 2 张，对室内空间及陈列进行描绘

3.4 建筑速写中常见问题的矫正

3.4.1 构图不当的矫正

构图是在画面上体现出来的大轮廓，构图的好与坏关系到整体的画面效果，在构图中常常产生以下问题：

1．构图过小或过大

构图过大或过小是最常见的，缺乏构图的整体性，我们在观察时，要从整体着手，造成过大或过小的原因，大都因为从局部开始，不敢画，放不开，拘谨。最好把整体先用大体轮廓线定好上下左右的位置，一般纸的边缘要留有一定的空白，要根据画面大小决定，把握整体构图。

图 3.46 构图偏小

图 3.47　构图适中

图 3.48　构图偏上

2. 构图偏上或偏下

构图的偏上或偏下，一般是空白留得过多，从建筑边沿局部开始画起，造成纸的上面或下面空间不够，因此，不要从局部开始画起，要先用轮廓线勾勒好上下边缘，使得画面均匀。

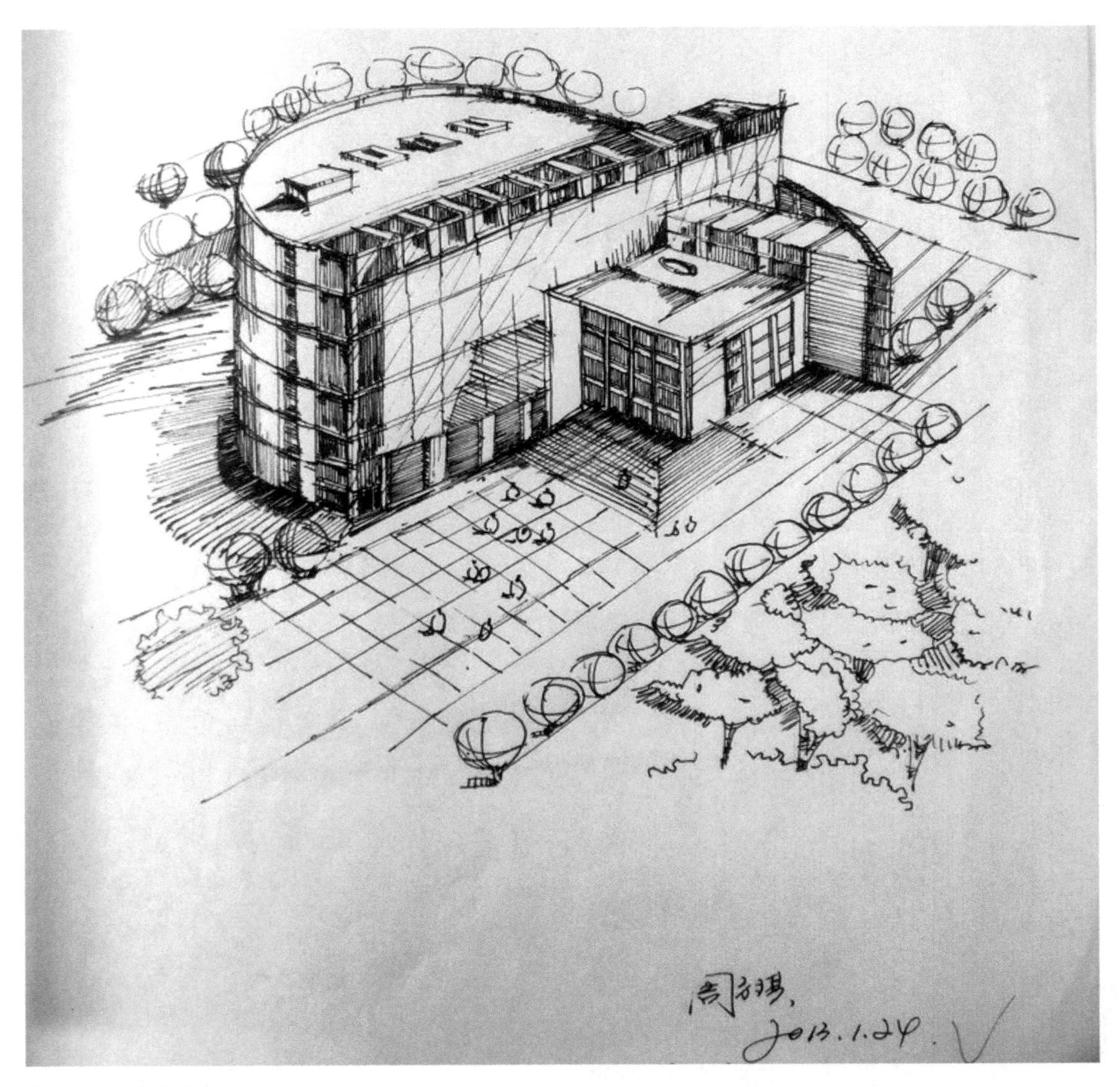

图 3.49 构图适中

3. 构图过偏或对称

造成构图过偏或者对称的原因，是由于对表现意图和景物的取舍在构图上的处理不当，构图的中心轴线过偏，选取的角度或视角有问题造成的。我们在构图时，选取的景物应避免造成对称，画面的处理也可能造成对称，因此处理的手法就要富有变化，不要左右均匀处理。

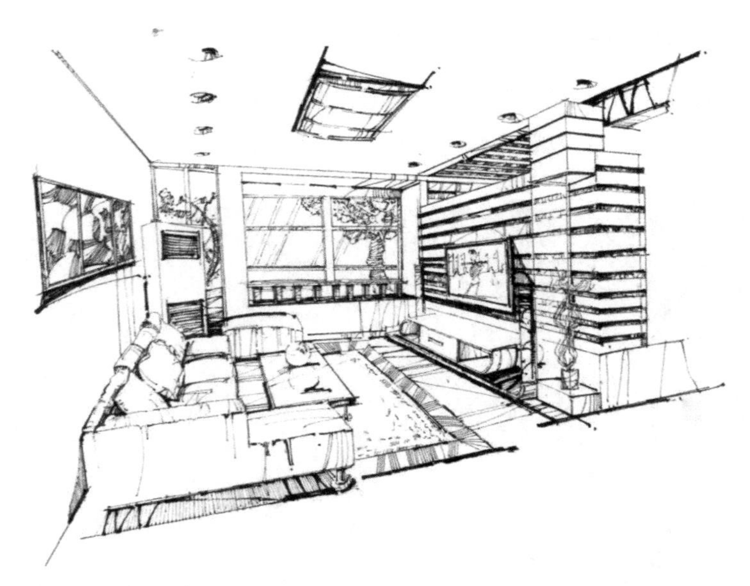

图 3.50　构图过偏

图 3.51　构图适中

3.4.2 轮廓错误的矫正

1. 建筑的外轮廓线通过视角的观察，导致在透视上容易产生倾斜，竖向的长线是难以控制的，在画面的表现上也就经常出现倾斜，一般以纸的边缘线作为衡量建筑轮廓的标准。

图 3.52 轮廓错误

图 3.53 构图适当

2. 视平线的过高，致使画面不舒服，透视不准确，误导整体的观察，在速写时需要加强对视平线的理解，视平线一般位于画面 1/2 处偏下一部分。

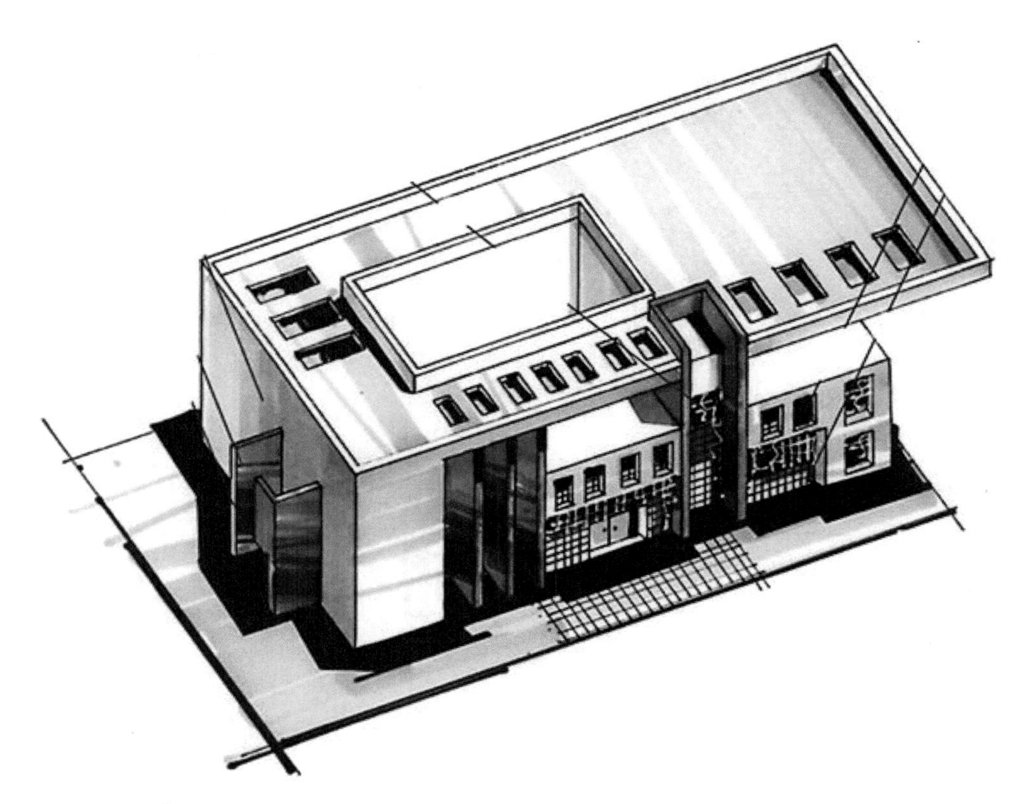

图 3.54　轮廓错误

图 3.55　构图适当

3.4.3 画面缺乏表现力的矫正

1. 画面空洞

初学者对于画面的表现不够，对内容和细节的观察不足，或是不知如何表达，因此要加强对细节的刻画，对于主要内容的刻画要有一定深度，使得画面有内容、细腻，并逐步通过对配景的表达来完善画面。

图 3.56 画面空洞

图 3.57　构图适当

2. 重点不突出，画面零乱

这是指对于画面表现不突出，以及事物之间的组织关系如主景和配景的取舍不当。在速写时，大家在观察时就要考虑事物的主次关系，合理的安排事物的关系，主景着重表达，配景稍带而过，有取有舍，使得画面主次丰富，虚实明确，对比强烈。

图 3.58　主次不明

图 3.59　构图适当

第 4 章　建筑速写作品点评赏析

>>>

第 4 章　建筑速写作品点评赏析

4.1　作品点评

1. 图 4.1 所示为 2014 年夏季，承德避暑山庄。皇家宫殿特有的恢宏气度和院中参天的古木，形成协调的空间气氛。此幅画面抓住建筑的大结构作为远景弱化，而把古木作为前景，有意识地拉伸高度，为营造顶天立地的印象而做了有意识的艺术处理。

图 4.1　无边落木萧萧下　0.7mm 中性笔　刘樱

2. 图 4.2 所示为 2014 年夏季，承德避暑山庄山区树林。在茂密的树木掩映下，有小路曲径通幽。为突出环境的静谧情怀，作者在构图上特别注意到了取舍的变化，以孤单的石板小路来衬托远处的树林，近 S 型的构图让画面增加了些许趣味。

图 4.2　晓来谁染霜林醉　0.7mm 中性笔　主峰

3. 图 4.3 所示为河北省蔚县，朴实的农家小院。需要注意的是线条的变化，无论是成堆的柴枝还是土坡上盛开的野花，线条可以呈现其疏密的节奏，但要避免堆积感，可以采取留白的形式，让画面“透气”。

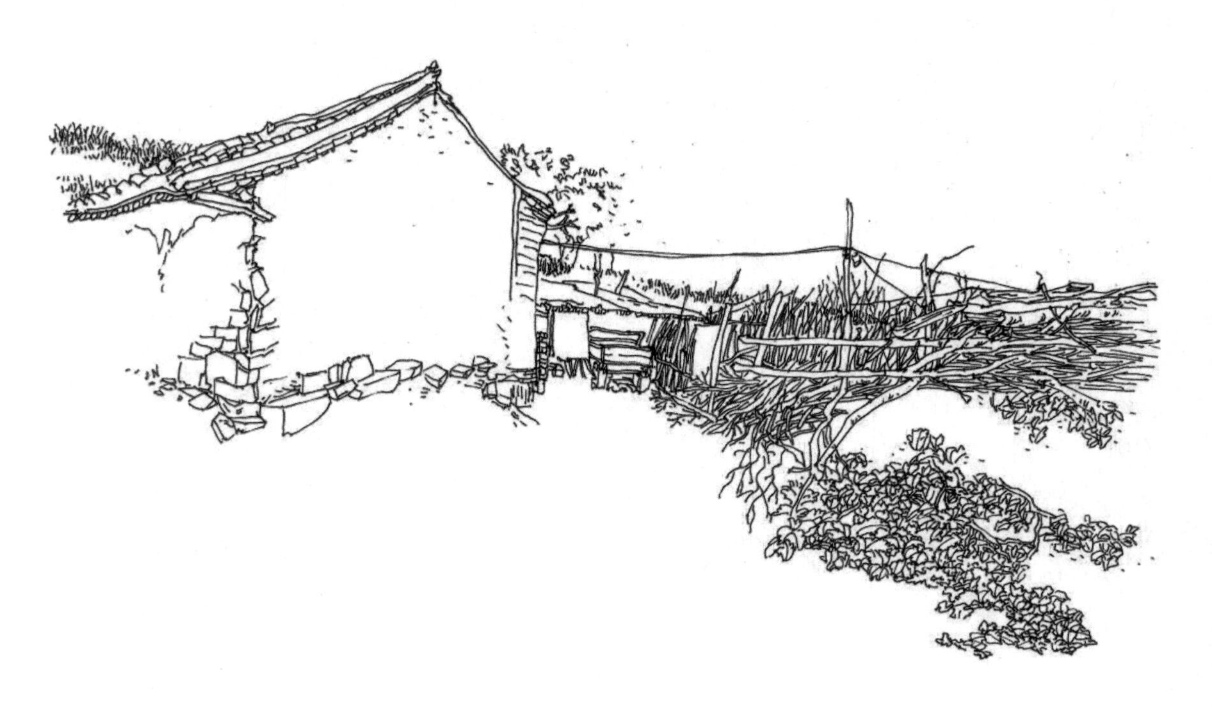

图 4.3 黄四娘家花满蹊 0.7mm 中性笔 主峰

4. 图 4.4 所示为天津市人民公园一景。假山、宝塔和繁密的树木本是园林中最常见的景物，这幅速写最独特的是取景的角度。蜿蜒而上的石阶，依然采用了灵活的 S 型构图，山石和配景的树木所用线的方式是有区别的，主要是为了更好地体现出各自不同的质感。

图 4.4　寻胜谁为携手人　0.7mm 中性笔　刘樱

5. 图 4.5 所示为天津市人民公园一景。亭台楼榭，湖光水色。远近和虚实相生，虚是为了体现实，实才能实得自在。前景干枝的处理让画面丰富了许多，如果这些干枝上也布满了叶子，整幅速写也就无法跳脱画面之外了。

图 4.5　饮湖上初晴后雨　0.7mm 中性笔

6. 如图 4.6 所示，该作品对于建筑素描关系和层次的处理十分丰富，对材料质感的交代也清晰可见，能够明确地看出建筑构件的穿插关系。用线朴实严谨，为画面增添了一层稚拙感。

图 4.6

7. 如图 4.7 所示，该作品将一座钢架桥梁描绘得十分真实细腻，用笔严谨，钢构件的结构也巧工细琢。水面的起伏也刻画得细致入微。较为完整地展现出了桥梁的整体面貌。

图 4.7 作者：盖也

8. 如图 4.8 所示，该作品通过对环境地细致描摹，很好地再现了一处城市空间场景。线条疏密有致，轻松自然，景物舍取适当，空间感强烈，很好地将现代城市氛围融入到了作品之中。

图 4.8 作者：盖也

9. 如图 4.9 所示，该作品构图考究，均衡稳定，画面处理简洁放松，不过多渲染，而对重点区域进行精细的雕琢，墙头砖瓦的刻画以及质感的表现都十分精彩。画面整体轻松自然，底部虚化的处理增添了空灵之感。

图 4.9

10. 如图 4.10 所示，这是一幅带有强烈异国情调的钢笔画作品，作者通过如同白描式树木枝桠的体现，打破了建筑空间平直僵化的感受。这幅画对街巷地面的处理十分精彩，以线条的疏密增强了透视感，使画面充满意蕴。

图 4.10 作者：丁祎

11. 如图 4.11 所示，这是一幅优秀的钢笔画作品，展现了一座体量极大的桥梁。作者对桥梁结构、钢构架、桥头堡、以及配景中的建筑、植物都处理得非常到位。该作品画面丰富且具有很强的形式感。

图 4.11　作者：丁祎

12. 如图 4.12 所示，该作品的表现手法娴熟细腻，构图轻松而又不失严谨，建筑主体与植物配景的搭配巧妙，从对绘画风格的把握与细节的刻画上都能够感受到作者的高超的手绘表达能力与敏锐的观察力。

图 4.12　作者：丁祎

13. 如图 4.13 所示，作品中作者通过对明暗关系的娴熟运用，将形态复杂的建筑群体表现得层次清晰，微妙的明暗变化使建筑族群之间既和谐统一又存在对比。细密的线条具有一气呵成之感，能够看出画面的构成是经过作者反复推敲的。

图 4.13　作者：丁祎

14. 如图 4.14 所示，该作品视角独特，很好地表现出了古民居安逸、恬静的空间氛围，建筑的屋顶穿插错落，具有很强的节奏感，通过与墙面的明暗对比，使得画面层次分明。墙面的斑驳表现得十分充分，蜿蜒的石路张弛有度，曲径通幽，对配景的刻画也丰富了画面的趣味性与场景感。

图 4.14　作者：盖也

15. 如图 4.15 所示，该作品是一幅古典园林的鸟瞰效果表现图，画面空间结构清晰，内容丰富。作者对于画面中建筑、植被、山石、廊道、围墙的表现一丝不苟、细致入微。空间元素相互掩映，空间层次多样、造型严谨，展现出作者扎实的钢笔画表现力。

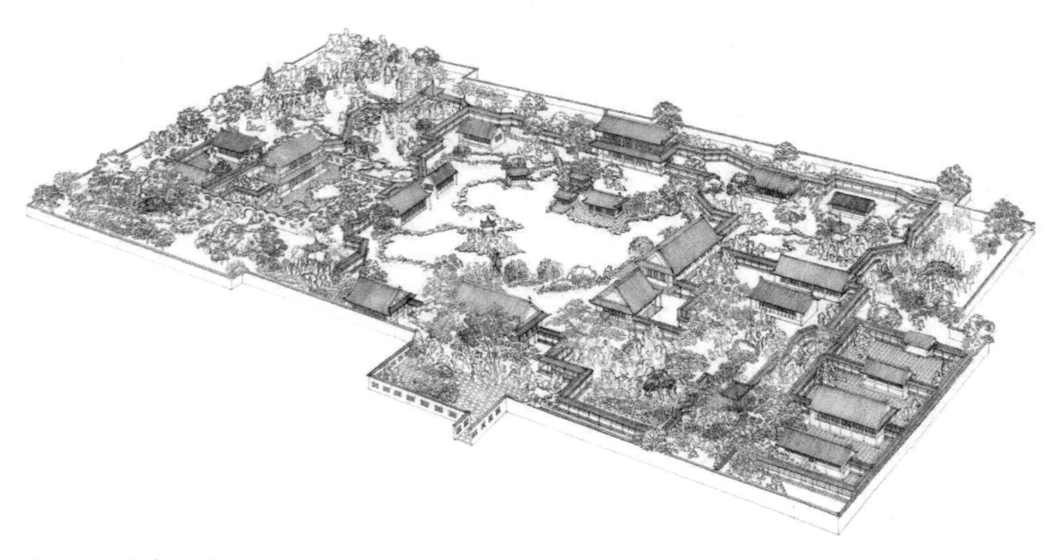

图 4.15　作者：盖也

16. 如图 4.16 所示，该作品较为完整地表现了一座多层木质建筑的整体面貌，造型严谨、层次分明。同时对建筑细节进行了细致入微地刻画，将建筑横竖搭建的木质结构、丰富的纹理和图案一一描绘出来，体现出木质吊脚楼层层叠叠、错落有致的结构特点。特别是对环境配景的概括处理以及强化明暗对比的手法，都很好地突出了画面的主体部分。

图 4.16 作者：盖也

17. 如图 4.17 所示，该作品将一组建筑场景刻画得生动自然，将生活细节进行了完美地呈现。用笔肯定、线条流畅、画面细密紧凑。特别是对边缘的虚实处理和明暗变化，丰富了画面的形式内容，形成了完整的空间效果。远景复杂的内容与前景简洁的地面形成明确的疏密对比，错乱的瓦片增加了画面的趣味性，营造出一幅充满生活情趣的画面。

图 4.17　作者：盖也

18. 如图 4.18 所示，该画在表现技法上，刻意加强了虚实的对比，杂草之虚，衬出城墙之实；墙砖之虚，衬出城楼之实等等。城砖质感的表现十分强烈，作者笔下的斑驳纹理使人仿佛能触摸到历史留下的苍凉之感，描摹出了古城墙之风骨。作者没有对场景做过多的刻画，而是取其最为打动人的区域加以仔细描摹，实为有感而发，同时也更好地突出了画面重点，成功再现了古城另一种真实的存在。

图 4.18 作者：盖也

19. 如图 4.19 所示，该作品较为完整地表现了古镇街道的风貌，构图完整、技法娴熟、线条疏密有致。作者以石牌坊为主体，将场景中的形体交代得十分真切、细腻。同时对建筑的错落关系、石牌坊的雕刻、坑洼的石道都表现得较为生动。远景复杂的内容与前景疏朗的地面形成明确的疏密对比，倾斜的墙体边缘透视明确地表现出画面的空间关系。石牌坊、店铺、石道、楼阁共同表现出虽经岁月沧桑而味致犹存的古镇独特风韵。

图 4.19　作者：盖也

20. 如图 4.20 所示，该作品的表现内容为一处山门，构图饱满、大气，很好地体现出了山门独有的气度。作者对其结构、文字、雕刻等刻画得一丝不苟，画面中不同方向、不同明暗的线条丰富了画面的形式内容，形成了复杂的空间效果。边缘线的虚实、明暗丰富的变化，体现出浓厚的传统建筑气息。对于配景的表现并没有影响到画面的主次关系，在一定程度上也使画面在视觉上得到延伸。

图 4.20 作者：盖也

21. 如图 4.21 所示，这幅作品将复杂的石桥处理的完整而统一，桥体结构、石砖以及围栏都在画面中得到充分表达。自然细腻的短线条勾勒出石桥的质感，同时疏密有致的排线也展现出石桥的特色。

图 4.21　作者：郭文翰

22. 如图 4.22 所示，这幅作品描绘出了富有欧式风情的建筑，构图平稳、线条流畅，细密的线条增加了画面的厚重感，整体节奏分明、富有空间层次。

图 4.22　作者：王霄君

23. 如图 4.23 所示，该作品通过强化明暗对比来体现画面的光感，突出前景人物，用明确的线条刻画出人物的形体及重要的景物转折。对配景的处理很细致、生动，表现出场景的整体面貌。花木掩映，层层叠叠，既丰富了画面的形式语言，也烘托出浓郁的场景气氛。中景不同明暗的灰色调形成了丰富的空间层次，画面远景的部分留出了一个别有情调的空间，顺山势延伸开去。

图 4.23　作者：贾会颖

24. 如图 4.24 所示，该作品主次分明，将次要形体的色调与背景相融合，与前景主体形成虚实对比，以强化空间感。倾斜的墙体边缘透视明确，表现出画面的空间。作者用细密的线条对画面细节进行了精细地刻画与描绘，暗部的处理整体统一，将光影的关系交代得十分真实细腻。石砌的围墙、碎石的路面使得画面更显得朴实凝重，烘托出建筑古朴、自然的风格特征。

图 4.24　作者：贾会颖

25. 如图 4.25 所示，该作品构图大胆、透视强烈，具有很强的视觉冲击。作者通过调节画面的比重关系，增强了画面右侧的远景部分内容，使独特的构图关系达到一种相对平衡的状态。作品细节丰富，作者认真刻画了主体部分的青瓦石墙，描绘出画栋雕梁，飞角重檐的中式古建筑之美。通过对环境细节的概括处理，既丰富了画面的形式语言，也烘托出画面场景的悠悠古韵。

图 4.25　作者：贾会颖

26. 如图 4.26 所示，该作品对于场景中的细节进行了深入地刻画，将墙面上的纹理、裂损一一描绘出来。瓦片、石墙、花木、陈设共同组成了丰富的画面，同时通过强化明暗对比，突出了画面中的重点。画面整体构图较平，缺乏纵深感，而丰富的细节起到了一定的弥补作用，同时用远处的山云强化了空间感。作品再现了一处具有独特自然气息的古民居庙宇场景，充满情趣，画面笔法娴熟，但细节表现略显生硬。

图 4.26　作者：贯会颖

27. 如图 4.27 所示，该作品将远景以深灰色块融为一体，使着墨较少的部分反而变得实了，与背景形成虚实对比，从而将近景中的主体部分凸现出来，强化了石坊背后空间的幽深之感。近处的指示牌、远处的植被，这些细节增加了画面的趣味性。树影有意处理得稀疏、随意而显出轻松的用笔与节奏感。不足之处是构图稍显平板。

图 4.27　作者：贾会颖

28. 如图 4.28 所示，这幅作品构图出色，近景与远景的组织很有层次，既有占相当大比重的主体，也不乏配景的烘托。用线疏密得当且透视感强烈，主体建筑表现突出强烈，从体量到质感都得到了全面的展现。

图 4.28 作者：贾会颖

29. 如图 4.29 所示，整幅作品用笔简练，对古民居的表现精确到位，严谨的造型展现了古居的沉着朴实。

图 4.29　作者：贾会颖

30. 如图 4.30 所示，该作品通过对倾斜的房门与弯曲颠簸的路面的描绘，展现出了老巷子的岁月沧桑之感。通过强化黑白对比使画面明快、强烈。

图 4.30　作者：贯会颖

31. 如图 4.31 所示，这幅作品中，作者将笔墨更多的放在了画面右侧的欧式石桥上，画面深沉细致，中间闲游的小船为静谧的河道增添了一丝人气。虽是一幅速写作品，但通过作者的精心描绘，仍然可以看出河岸景物的韵致。

图 4.31　作者：王霄君

32. 如图 4.32 所示，该作品表现的是一处颇有特色的绳索桥，作品以开阔的水面为前景，在茂密植物遮掩之下的桥身成为了画面的主体，作者以留白的方式表现了树木的掩映，以细密的笔调刻画了网状的桥身。笔法娴熟，下笔肯定，对水面倒影的处理也十分贴切。

图 4.32　作者：王霄君

33. 如图 4.33 所示，该作品构图新颖，仅用概括的几笔表现出远处山脉的悠远。极简的处理与近处繁杂的建筑景物表现产生了强烈的对比效果。大胆的构图使得画面产生了意想不到的效果。

图 4.33　作者：王霄君

34. 如图 4.34 所示，该作品渲染了十分生动的空间场景，空间进深强烈，表现了既热闹又宁静的特殊空间气氛。近景与远景的对比形成了视觉上的空间距离感，对远景的概括处理也使画面有了相对放松的一面。

图 4.34　作者：王霄君

35. 如图 4.35 所示，该作品描绘的是一处苗族风情餐厅，画面黑白关系分明，构图组织关系较好，线条清晰流畅，建筑和配景相互衬托，和谐而统一。

图 4.35　作者：龚骁

36. 如图 4.36 所示，该作品表现的是一座现代桥梁，具有一定的难度，作者用线的疏密区分了明暗关系和色调，对桥梁侧面的表现尤为突出，前后关系明确，层次丰富。对暗部处理得十分精彩，特别是对阴影中的景物也表现得十分详尽，内容丰富且不会给人杂乱的感觉。

图 4.36　作者：贾会颍

37. 如图 4.37 所示，该作品将目光汇聚在建筑群落中富有生活气息的一角，生动地描绘建筑门前院落的景色。屋前错落的石阶仿佛布满苔藓，作者巧妙的设计画面，用线条把建筑特点表达得恰到好处。

图 4.37

38. 如图 4.38 所示，这是一幅利用色调表现效果的作品，作者借助于铅笔对画面明暗加以强调与整理，画面中的线条也带有很强烈的个人风格，看似随意的线条却疏密有致，并没有使画面显得凌乱。

图 4.38　作者：尹涛

39. 如图 4.39 所示，该作品刻画了一处充满古朴韵味的小巷，用笔大胆硬朗，空间错落有致，石头铺设的小路强化了空间效果，丰富的细节为画面增色不少，半空中的几根电线虽只是寥寥几笔，但却为作品增添了许多情趣。

图 4.39　作者：盖也

40. 如图 4.40 所示，该作品采用了钢笔与马克笔相结合的表现手法，色彩的表现沉稳沧桑，笔法灵活多样，各种材质的不同表现手法丰富了画面。对于细节的处理与对环境的概括也是画面有了相对放松的空间感，对水面的处理也十分生动。

图 4.40　作者：盖也

41. 如图 4.41 所示，这是一幅钢笔淡彩作品，画面生动、色调明快，尤其是对于光影的表现，使得画面带有很强的光感。画面对于细节的刻画真实而有力，也为作品增色不少。

图 4.41　作者：盖也

42. 如图 4.42 所示，这是一幅表现室内场景的超写实作品，其出彩之处在于对各类材质的生动表现，展现了画者敏锐的观察力和深厚的表现功底。

图 4.42　作者：盖也

43. 如图 4.43 所示，这是一幅描绘水上建筑的水彩作品，通过弱化前景与背景突出衬托建筑物，主次得当、虚实明确。画面颜色丰富、用笔大胆，对色调的整体把握使得画面并不凌乱。

图 4.43 作者：雷文祥

44. 如图 4.44 所示，作品整体风格明快精致，画面内容把握得恰到好处，一楼一景，构图精炼而饱满，繁简有度。作者在色彩的运用上十分熟练，使大量的木色的使用红而不火。画面配景的处理增添了艺术性。

图 4.44　作者：王霄君

45. 如图 4.45 所示，该作品是一幅钢笔与马克笔相结合的室内表现图，构图沉稳、色彩艳丽。对于楼梯以及吊灯的表现是画面的重点，刻画得十分精彩，表现出了酒店空间的大气与华丽。

图 4.45　作者：盖也

46. 如图 4.46 所示，这幅室内写实作品清新自然，用笔也显得轻松写意，对于细节的处理以及对于光线的捕捉都十分精到。松动的用笔、明快的色调表现出明确的画面层次以及强烈的黑白关系。

图 4.46　作者：李漫漫

47. 如图 4.47 所示，对于环境色的深刻理解与表现是该作品的一大亮点，光影与色彩在画面中交相辉映，对高光与阴影的把握使我们仿佛能够观察到光线在画面中的流动，着实是一幅色彩表现的佳作。

图 4.47　作者：刘昊明

48. 如图 4.48 所示，该作品在构图上可谓是匠心独运，画面感非常强烈，整幅作品着色不多，却笔笔到位，精彩地表现了一处山雪中的别墅，作者利用了大面积的明暗关系对比，使画面感觉清晰、强烈。尤其是对于雪地的表现，稍加润色，既表现了雪的质感，又稳定了画面。

图 4.48 作者：刘昊明

49. 如图 4.49 所示，该系列作品运用了多种绘画材料，将马克笔、钢笔和彩铅运用得恰到好处，让我们看到了同样的物体用不同的材料所表现出来的不同画面效果。

图 4.49

50. 如图 4.50 所示，这幅作品画面生动，通过对生活场景一角的描绘，展现出了现代生活的惬意。延伸的小路使画面空间进深感强烈，给人宁静安逸之感。

图 4.50

51. 如图 4.51 所示，这幅作品使用了钢笔与马克笔结合的表现手法，对近景细节的细致刻画与对远景的概括使画面十分生动。

图 4.51

52. 如图 4.52 所示，该幅作品用笔大胆果断，木桥、延伸的小路与人的对比刻画，体现了画面的纵深感。前后关系明确，层次丰富。

图 4.52

53. 如图 4.53 所示，这幅画用钢笔与彩铅进行描绘，用笔独特，体现了设计师的个性和风格，用线连贯、生动活泼、均匀有力，体现了独特的审美趣味。

图 4.53

作业安排：

1. 课时 4 学时
2. 训练内容：

对成功作品进行赏析，有一定的鉴赏能力

3. 作业要求：

A4 图纸 2 张，挑选两张成功的速写作品进行赏析

4.2 作品赏析

图 4.54　作者：魏瑞江

图 4.55　作者：魏瑞江

图 4.56　作者：魏瑞江

图 4.57

图 4.58　作者：哈萨姆

图 4.59　作者：魏瑞江

图 4.60 作者：魏瑞江

图 4.61　作者：魏瑞江

图 4.62　作者：魏瑞江

图 4.63　作者：魏瑞江

图 4.64　作者：魏瑞江

图 4.65　作者：魏瑞江

图 4.66　诺林街景　作者：科科林（俄）

图 4.67

图 4.68　农家小院　作者：列宾（俄）

图 4.69　作者：哈萨姆

图 4.70 作者：哈萨姆

图 4.71　作者：哈萨姆

图 4.72　作者：哈萨姆

图 4.73 作者：哈萨姆

图 4.74　作者：哈萨姆

图 4.75　作者：哈萨姆

图 4.76　作者：哈萨姆

图 4.77　作者：哈萨姆

图 4.78　作者：万休远

图 4.79

图 4.80　圣玛丽教堂　作者：保尔·荷加斯（英）

图 4.81　作者：魏瑞江